육아가 처음인 ~~~~~ 만 부모교육의 시작

나도 부모는 처음이야

시대인

부모는 태어나는 것이 아니라 자라는 것입니다.

"첫 아이를 낳고 한 달간의 몸조리를 마치고 집으로 돌아왔다.
남편은 출근을 했다.
나와 아이, 단둘만 덩그러니 남았다."

어린이집 교사를 시작으로 상담실에서 아이들을 만나고, 강의실에서 부모들을 만나며, 아이 키우는 이야기를 하는 것이 저의 직업입니다. 첫 아이를 임신했을 때, 기쁘고 부모가 된다는 것에 설레었습니다. 그리고 아이 키우는 것쯤은 잘 할 수 있다고 생각했습니다. 그건 저의 오만이었고, 그걸 알기까지 시간은 그리 오래 걸리지 않았습니다.

아이와 단둘이 생활하는 집에서 나 혼자서 온전히 이 작은 생명을 먹이고, 입히고, 재워야 한다는 압박감이 어느새 부모가 되었다는 행복감을 앞서고 있었습니다. 도착할 곳은 눈에 훤히 보이고, 가는 길도 아는데, 자꾸만 무릎까지 푹푹 빠지는 갯벌을 휘적휘적 걸어가는 느낌이었습니다.

아이를 임신한 부모는 어떻게 하면 아이를 건강하게 키울까를 고민하고, 어떻게 하면 조금 더 똑똑하게 키울까를 고민합니다. 하지만 막상 아이를 낳고 나면 건강과 똑똑보다는 울리지 않고 재우는 것이 더 급하고, 젖몸살로 터질 것 같은 가슴을 부여잡고 수유를 하는 게 더 급하고, 하루에 10번도 넘게 기저귀를 갈아주는 게 더 급합니다. 육아는 실전이라 연습이라는 것이 없습니다. 그래서 부모교육은 세상에서 유일하게 선행학습이 필요합니다.

아이는 아이로 태어날 뿐입니다. 그 자체로 진짜 아이라 정말로 프로입니다. 반면 프로 아이를 대하는 부모는 그지없는 초보입니다. 부모는 부모로 태어나는 것이 아니라 부모로 자라는 것이기 때문입니다. 초보가 프로를 따라가려면 살피고, 마음을 알아차리고, 필요한 것을 줄 수 있어야 합니다. 그래서 육아를 쉽다고 하는 사람은 없습니다. 다만 한없는 사랑과 배려와 존중의 마음으로 서로 적응하면 즐겁고 행복할 수는 있습니다. 이를 위해서 기본적인 아이에 대한 공부와 더불어 아이를 마주하는 부모의 마음공부가 정말 중요합니다.

아이를 바라볼 때에는 '모른다. 느리다. 자란다.' 이것만 기억해 주세요. 그리고 아이를 대할 때에는 '가르친다. 기다린다. 기대한다.' 이것만 생각해 주세요. 이런 마음이 하루하루 쌓이면 아이가 자라는 만큼 분명 부모도 자라 있을 것입니다. 처음부터 육아가 쉽고 재밌길 바라는 건 너무 욕심입니다. 그리고 처음부터 넉넉한 완성형 부모이길 스스로에게 바라는 건 너무 가혹합니다. 사랑이 바탕에 깔린 시간의 힘을 믿어 보세요.

글을 쓰면서 누가 읽을 것인가에 대한 생각을 많이 했습니다. 분명 첫 아이를 낳고 고군분투하는 초보 부모일 테지요. 20년보다 조금 더 전에 담임교사로 만났던 나의 열매반 아이들이 꼭 이 책을 볼 수 있을 만큼의 나이가 되었습니다. 담임이라기보다는 어울려 놀기 좋아하는 이모 같았던 서툰 담임이 그때 못다 가르쳐준 것들을 벌충한다는 생각으로 썼습니다. 글을 통해 멀리서나마 안부를 전할 수 있다면 좋겠습니다.

선배 부모로서 세상 모든 후배 부모들에게 전하고 싶은 이야기를 꼭꼭 눌러 썼습니다. 분명 초보 부모지만 초보 부모 같지 않은 단단함과 여유로움 그리고 자신감으로 아이를 보며 웃어주는 오늘을 사는 부모가 되시길 바랍니다.

2023년 3월
자라고 있는 모든 부모들께 박수를 보냅니다.

양경아 드림

목차

목차

육아가 처음인 엄마 아빠를 위한 부모교육의 시작

나도 부모는 처음이야

나도 부모는 처음이야 - 1개월~36개월

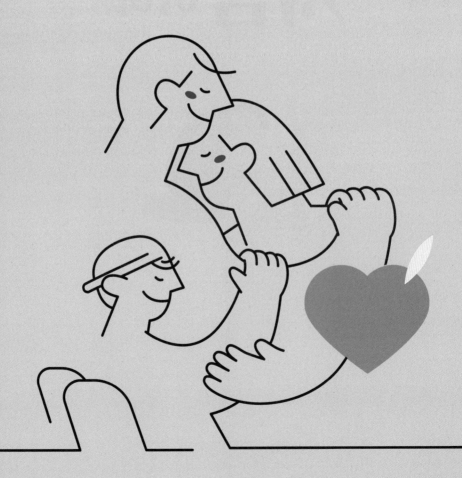

부모의 마음 준비

부모가 된 것을
축하해도 될까요?

부모가 된 것은 당연히 축하를 받을 일입니다.

　통계청에서 발표한 2022년 출생아 수는 24만 9천명으로 전년보다 1만 1천 5백명 감소했고, 합계출산율은 0.78명으로 OECD 국가 중 제일 낮다고 합니다. 아이가 줄고, 나라가 늙고, 생산인구가 줄어 부양 부담이 늘고, 최종적으로 대한민국이 소멸할 수도 있다는 말이 들리기도 합니다. 이런 출산율 저하와 힘든 미래에 대한 우려가 여기저기서 들려오지만 우린 부모가 되었습니다. 서로에 대한 지극한 믿음과 사랑으로요.

　부모가 된 것은 당연히 축하를 받을 일입니다. 부모가 되는 건, 아이가 생긴다는 건 온전히 사랑을 쏟아도 되는, 나를 온전히 믿고 사랑해 줄 존재가 생겼다는 것이니까요. 그런데 문제는 사랑의 존재인 아이는 아주 불완전한 상태로 태어난다는 것입니다. 그래서 아이가 웃고, 달려와 안기고, 엄마 아빠를 불러주고, 즐겁게 생활할 수 있기까지 부모와 아이는 서로의 시간과 노력을 많이 투자해야 합니다. 이 상호적인 노력의 과정을 우리는 '육아'라고 합니다.

　"독박육아", "육아지옥" 듣기만 해도 무섭고 온몸에 힘이 빠지는 것 같지요. 그러나 다행인 것은 출생률 꼴찌인 나라이지만, 육아정보는 넘쳐나고 있다는 것입니다. 힘들게 공부하지 않아도 손쉽게 육아정보를 찾을 수 있고, 아이를 잘 키울 수 있습니다. 단, 처음부터 너무 잘하려고 하지 않아야 합니다. 부모도 완벽하지 않은 사람이라는 것을 스스로 잘 알고 있을 텐데, 유독 아이와 관련된 일은 완벽하게 하려 애를 쓰고, 스스로 목표치에 도달하지 못했을 때 좌절감을 느끼고, 괜히 아이에게 미안해하는 부모가 많습니다. 미안하다는 마음으로는 아이 앞에 당당하게 부모로서 설 수 없습니다. 좋은 부모가 될 수 있다는 자신감이 있어야 비로소 부모가 된 것을 축하받을 자격도 있는 것입니다. 자신감 잘 챙겼으니 이제 축하를 하도록 하겠습니다.

"예쁘고 귀한 아이의 부모가 된 것을 축하합니다.
그리고 예쁘고 귀한 아이와 잘 지낼 수 있는 방법을 고민하도록 하겠습니다."

아이는 평생 돌봐야 하는
존재인가요?

너무 걱정은 하지 마세요. 아이가 언제까지나 아이인 것은 절대 아니니까요.

목도 못 가누고, 눈도 잘 뜨지 못하는 아이를 어떻게, 언제까지 키워야 할지 막막하지요? 지금부터 아이의 성장에 대해 살짝 이야기할 테니 잘 들어보세요.

아이는 태어나면서부터 폐로 호흡하기 시작합니다. 그리고 배가 고프거나, 아프거나, 졸리거나, 뭔가가 불편한 순간에 울음을 통해 부모에게 도움을 요청할 수 있습니다. 젖을 먹기 위한 빨기 능력이 있으며, 시시때때로 대소변을 보며 몸속의 노폐물을 몸 밖으로 내보낼 수도 있습니다. 또 큰 소리에 깜짝 놀라 몸을 펼쳤다가 오므리기도 하고, 손에 무언가 닿으면 본능적으로 꽉 잡기도 합니다. 즉, 아이는 기본적인 생존을 위한 능력만을 가지고 태어납니다. 이 말은 부모의 도움 없이는 생존할 수 없는 상태라는 뜻이고, 다른 말로 하자면 24시간 밀착 돌봄이 필요하다는 뜻입니다.

너무 걱정은 하지 마세요. 아이가 언제까지나 이런 것은 절대 아니니까요. 아이는 대소근육의 발달이 이루어지면서 목을 가누고, 몸을 뒤집고, 일어서고, 걷고, 뛸 수 있게 됩니다. 그리고 사물을 인지하고 기억하게 되며, 자신의 욕구를 언어로 표현할 수 있게 됩니다. 또한 부모와 마음을 나눌 수 있고, 서로 지켜야 할 예절과 사회적 규범들도 배워나가게 됩니다. 아이는 프로 학습러거든요.

아이는 서서히 하나의 독립된 인격체가 됩니다. 여기서 말하는 독립의 의미는 아이가 부모와 자신을 분리할 수 있다는 것입니다. 아이는 정서적으로 분리되면서 잠깐씩 부모와 떨어져 있을 수 있고, 신체적으로 분리되면서 스스로 이동을 할 수 있게 됩니다. 따라서 아이는 처음에는 완전히 부모와 한 몸인 것처럼 밀착되어 온전히 부모에게 의지해 생활하지만, 서서히 혼자 할 수 있는 것들이 생기게 됩니다. 당연히 부모의 역할은 줄어들게 되고, 육아는 조금씩 편안해집니다. 제대로 아이를 키운다면, 아이는 분명 언제까지나 돌봐야 하는 존재인 것은 아니랍니다.

육아가 끝나긴 하나요?

1차 육아의 완성은 36개월입니다. 아이에게 36개월은 엄청난 변화가 생기는 시기입니다.

　그렇게 힘들다는 육아도 분명 끝이 있습니다. 눈과 귀가 번쩍 뜨이지요? 한 번에 끝나는 건 아니고 순차적으로 이루어집니다. 1차 육아의 완성은 36개월입니다. 아이에게 36개월은 엄청난 변화가 생기는 시기입니다. 가장 중요한 부모와의 애착이 형성되어 사회성의 기초가 만들어지고, 대소근육의 발달로 스스로 움직이고, 대소변을 가릴 수 있고, 언어를 통해 기본적인 의사표현을 할 수 있고, '나'라는 개념이 생겨 고집을 부릴 수도 있습니다. 정리하면 아이는 나라는 개념을 만들고 부모로부터 최소한의 정서적·신체적 독립을 하는 시기가 바로 36개월입니다. 그래서 아이의 인생 초기의 36개월이 가장 중요하다고 합니다. 앞으로 성인이 될 때까지 돌보고 가르쳐야 하는 많은 것들이 기다리고 있지만, 너무 멀리 생각하지 말고 가장 중요한 36개월까지의 시간에 집중해 보도록 하겠습니다.

　36개월까지의 육아를 잘하기 위해서는 일단 육아에 대한 제대로 된 개념 정리부터 해야 합니다. '독박육아'란 말 들어보았을 것입니다. 이 말 자체만으로도 힘듦이 몰려오지요? 또 '왜 나만?'이라는 억울한 생각도 하게 만드는 말입니다. 그런데 독박육아라는 말은 틀린 말입니다. 애초에 성립이 안 되는 말입니다.

　쉽게 말해 독박육아란 혼자서 아이를 온전히 돌본다는 뜻인데, 육아는 절대로 혼자 하는 것이 아닙니다. 육아를 하기 위해서는 기본적으로 아이가 있어야 하니까요. 그래서 육아는 아이와 양육자가 같이 하는 것입니다. 양육자는 엄마가 될 수도 있고, 아빠가 될 수도 있고, 엄마와 아빠가 될 수도 있습니다. 또한 독박육아란 말에 숨어 있는 뜻은 아이의 존재를 완전히 무시한, 아이를 완전히 수동적인 존재로 생각한다는 것입니다. 아이의 존재를 무시한다면 아이를 함부로 대한다는 것이고, 아이를 수동적인 존재로 생각한다면 부모가 한없이 도움을 주어야 한다는 뜻이라 육아가 절대로 끝이 없다는 말이 됩니다. 독박육아라는 말은 아이를 위해서도, 부모를 위해서도 절대로 없어야 하는 것입니다.

아이와 부모가 함께 하는 육아를 통해 조금 더 편하고 조금 더 행복한 육아를 하길 기대합니다. 그리고 육아가 완성되는 뿌듯함과 기쁨을 함께 만끽하길 바랍니다.

좋은 부모가
될 수 있을까요?

부모로서 자신감이 떨어질 때는 아이를 생각해 보면 좋겠습니다.

　부모가 된다는 것은 분명 세상 그 무엇과도 바꿀 수 없는 경험이고 감동이지만, 결코 만만치 않습니다. 처음이니 부담도 되고 '과연 나에게 부성애, 모성애가 있을까?'라는 의문도 생길 것입니다. 그런 걱정과 우려 모두 괜찮습니다. 긴장되고, 서툴고, 어찌할 바를 몰라 난감한 마음도 모두 부모로서 잘 해내고 싶다는 욕구의 증거니까요. 부모로서 자신감이 떨어질 때는 아이를 생각해 보면 좋겠습니다.

　아이는 아무것도 모르고 이 세상에 태어났고, 온전히 부모를 믿고 의지합니다. 좋은 부모 나쁜 부모를 떠나서 모든 아이들이 부모와 함께 있고 싶어 하는 것을 보면 부모를 믿고 의지하고 있다는 것을 알 수 있지요. 그 증거가 바로 낯가림이고요. 아이가 온전히 부모를 믿고 의지하는 것은 부모가 아이에게 믿음을 줄 수 있는 기본적인 자격을 이미 갖추었기 때문입니다. 무한한 사랑으로 새로운 생명을 잉태하고, 생명이 온 것에 대해 반겼으며, 입덧부터 S라인 포기까지 모든 과정을 아이 중심으로 맞추며 온전히 품어주었고, 마침내 이 세상에 초대했으니까요.

　아이가 한 살이면 부모도 한 살, 아이가 두 살이면 부모도 두 살입니다. 부모는 처음부터 만들어진 것이 아니라 아이와 함께 비로소 부모답게 성장하는 것입니다. '잘 키울 수 있을까?', '부모로서 잘할 수 있을까?'라는 걱정을 '아이를 잘 키울 수 있어. 난 이미 부모니까.', '우리는 어떤 가족이 될까?', '나중에 아이랑 대화하면 정말 신기하고 재밌겠다.'라는 기대로 바꿔주세요. 걱정은 자신감을 떨어뜨리고 불안을 조장하지만, 기대는 긍정적인 생각을 하게 하고 활기찬 에너지를 생성해 좀 더 안정적인 생활을 할 수 있게 돕는답니다. 자, 스스로에게 주문을 걸어보세요.

"난 세상에서 아이를 제일 사랑해.
난 부모로서 아이를 잘 키울 수 있어.
우리는 이미 행복한 가족이야."

좋은 부모가 되려면
뭘 해야 하나요?

먼저 아이를 키워본 육아 선배들에게서 답을 찾는 것도 좋습니다.

'좋은 부모가 되고 싶은데 어떻게 해야 할까? 뭐부터 해야 할까?'하는 생각이 많을 거예요. 이럴 때에는 아이를 먼저 키워본 육아 선배들에게서 답을 찾는 것도 좋습니다. 할아버지, 할머니들은 아이에게 이런 말을 합니다. "먹고 자고 먹고 자고 해." 말 그대로 잘 먹고, 잘 자면 건강하게 자란다는 뜻입니다. 다르게 생각해 보면 잘 먹고, 잘 자는 게 아이에게는 쉽지 않다는 의미이기도 합니다. 실제로 양육 상담을 할 때 가장 많이 듣는 부모의 고민이 '우리 애는 안 자요.'입니다. 울고 보채며 잠이 들기도 어렵고, 어렵게 잠이 들더라도 통잠을 자는 아이가 그리 많지 않거든요. 그리고 조금 더 아이가 커서 이유식을 시작하게 되면 그때부터는 '우리 애는 안 먹어요.'라는 고민이 추가됩니다.

먹고 자는 게 뭐 그리 어렵다고 아이가 이렇게 부모를 힘들게 하나 싶은 생각이 들기도 하지만, 이건 순전히 부모의 착각일 뿐입니다. 아이는 뭐든지 처음입니다. 태어나 탯줄을 자르면서 폐로 호흡을 하는 것이 처음이고, 모유나 분유를 먹다가 씹어 삼켜야 하는 이유식을 먹는 것도 처음이죠. 대소변을 보는 것과 그 축축함도 처음이고, 비누를 사용해 씻는 것도 처음이고, 로션을 바르고 옷을 입는 것 역시 모두 처음입니다. 이런 처음들에 적응하려면 불편하고 힘들고 피곤할텐데, 자려고 하면 방 안의 온도나 습도, 소리와 이불의 감촉까지 뭐 하나 자기에게 딱 맞는 것이 없지요. 또 말을 못 하니 부모에게 어떻게 해 달라는 표현이 고작 부모를 예민하게 만들고 힘들게 하는 울음뿐이고요. 어때요? 아이의 입장에서 먹고 자는 게 그리 쉬운 일이 아니지요?

 아이 생활의 시작이 잘 먹는 것이라면, 잘 자는 것은 마무리입니다. 그리고 그 시작과 마무리 사이에 아주 많은 아이의 생활이 있습니다. 그래서 부모는 아이가 하루하루 잘 생활하고 잘 성장하도록 잘 먹고, 잘 싸고, 잘 놀고, 잘 씻고, 잘 자는 것에 대해 제대로 알아야 합니다. 그리고 아이가 처음으로 겪는 모든 서툼에 대해 이해하고 가르치며 지켜봐 줄 수 있는 여유로움이 있어야 합니다.

육아, 양육, 훈육!
뭐가 다른가요?

세 가지 단어는 모두 아이를 키운다는 뜻을 가지고 있습니다. 그런데 조금씩의 차이가 있습니다.

첫 번째, 육아는 어린아이를 먹이고, 입히고, 씻기고, 재우는 등의 기본적인 생명을 유지시키고, 성장하도록 돌보는 것을 말합니다. 그래서 일곱 살 이하의 영유아기 아이를 키울 때 육아를 한다고 하지 초등학생을 키울 때 육아를 한다고 하지 않는 것입니다. 이 말을 한 번 더 생각하면 초등학생 정도가 되면 부모의 도움을 받던 것을 스스로 할 수 있게 된다는 것입니다. 이를 위해 단순한 육아만 하는 것이 아니라 잘 가르치는 양육도 해야 합니다.

두 번째, 양육은 아이를 사회의 구성원으로서 살아갈 수 있도록 가르치고, 성장시키는 것입니다. 단순한 돌봄에 교육시킨다는 뜻이 추가된 것입니다. 여기서 말하는 교육은 단순히 국어, 수학을 가르치는 학습뿐만 아니라 일상생활에서 필요한 기본적인 생활습관형성과 또래들과 잘 어울릴 수 있는 규칙 지키기, 사람들 간의 예절 등 모든 것에 대한 교육을 의미합니다.

세 번째, 훈육은 아이의 잘못에 대해 말로 가르치는 것입니다. 아이는 실수를 하기 마련인데, 이때 때리며 가르치는 것은 '체벌'이며 이는 벌을 주는 것입니다. 분명 체벌과 훈육은 다른 개념이니 혼동하지 않아야 합니다.

따라서 양육이라는 개념 안에 육아와 훈육이 포함되고, 아이가 어릴 경우에는 양육이라는 말과 육아라는 말을 혼용해서 사용하기도 합니다. 그리고 본 책에서는 아이를 돌보는 것과 가르치는 모든 부모의 행동을 '양육'이라는 말로 통일해 사용합니다.

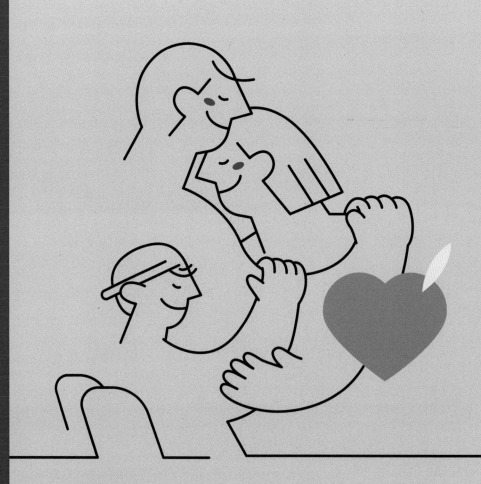

부모의 지혜 준비

하나 잘 먹기

수유

- 모유와 분유 모두 사랑이에요.
- 이른둥이에게도 모유를 꼭 먹여요.
- 아이마다 먹는 양이 달라요.
- 수유는 편하고 즐거워야 해요.
- 수유의 완성은 트림이에요.
- 밤 중 수유도 끊는 시기가 있어요.
- 밤 중 수유를 끊는 방법이 중요해요.
- 단유 시기를 결정해요.
- 아이와 함께 단유를 완성해요.

모유와 분유
모두 사랑이에요.

얼마나 사랑을 가득 담아 먹이느냐가 더 중요합니다.

잘 먹이기는 언제나 쉽지 않습니다. 아이도 아이가 처음이라 입으로 젖을 빠는 것이나 젖병을 빠는 것을 잘 못 합니다. 아이가 잘 못 한다면 부모라도 수유하는 방법을 잘 알고 있으면 좋으련만, 부모도 부모가 처음이라 수유하는 방법을 잘 모릅니다. 엄마는 젖몸살이 시작되고, 모유량은 쉽게 늘지 않고, 아빠는 우는 아이를 옆에 두고 허둥지둥 분유를 타서 먹이는데 수유 자세는 또 얼마나 불편한지, 뭐 하나 쉬운 게 없지요. 한 생명을 책임진다는 것이 이런 것입니다. 아이에게 가장 좋은 것은 분명 모유입니다. 그러나 엄마와 아이의 건강상태나 양육환경에 따라 분유를 먹여도 됩니다. 모유와 분유 모두 아이를 잘 키우기 위해 먹이는 것이므로 둘 중 어떤 것을 먹이느냐 보다는 얼마나 사랑을 가득 담아 먹이느냐가 더 중요합니다.

모유

모유는 출생 직후부터 먹이기 시작해 두 돌까지 먹이길 권장합니다. 출산 후 3~4일 동안 샛노란색의 초유가 나오는데, 초유는 단백질의 함량이 높고, 면역성분이 풍부하며, 하루 60ml 정도로 소량 나옵니다. 모유수유 계획이 없더라도 초유만큼은 아이에게 꼭 먹여 건강을 챙겨주면 좋겠습니다. 초유가 끝나면 1~2주 동안 이행유가 나오는데, 이행유는 초유에 비해 단백질과 면역성분이 적지만, 지방과 비타민 함량이 높습니다. 그리고 다음에는 성숙유가 나오는데, 초유에 비해 면역성분은 적지만 아이에게 필요한 대부분의 영양이 포함되어 있습니다. 이렇게 좋은 모유지만 6개월이 지나면 철분이 부족해져서 이유식을 병행해야 합니다.

모유를 먹일 때에는 한쪽 가슴당 15~20분 정도 충분히 먹여야 합니다. 왜냐하면 모유는 전유와 후유로 나뉘는데, 전유는 수유 시 처음 5~7분 정도 나오는 것으로 수분, 단백질, 유당, 미네랄이 풍부하고, 아이의 갈증을 해결하는 데 도움을 줍니다. 전유 다음에 나오는 후유는 지방함량이 높아 아이에게 포만감을 느끼게 해 주고, 체중을 증가시킵니다. 그래서 전유와 후유를 골고루 먹어야 합니다. 처음에는 2~3시간 간격으로 수유하지만, 아이가 한 번에 먹는 양이 많아지면서 간격이 3~4시간으로 늘고, 횟수는 줄어듭니다. 모유수유를 하면 엄마의 몸에는 옥시토신이라는 호르몬이 분비되는데, 이 호르몬은 자궁수축과 분비물 배출을 도와 엄마의 건강 회복에 좋습니다.

분유

분유는 조제유와 조제식으로 구분되니 그 차이를 정확히 알고 아이에게 필요한 것으로 선택할 수 있어야 합니다. 조제유는 원유 또는 유가공품을 주원료로 하고, 여기에 아이에게 필요한 무기질, 비타민 등의 영양성분을 첨가해 모유의 성분과 유사하게 만든 것으로 유성분이 60% 이상입니다. 반면 조제식은 콩에서 불순물을 제거하고 단백질만 추출해 놓은 분말인 분리대두단백 또는 기타의 식품에서 분리한 단백질을 주원료로 아이에게 필요한 무기질, 비타민 등의 영양성분을 첨가해 만든 것으로 유성분이 60% 이하입니다. 보통 조제유를 모유 대용으로 먹이고, 유당불내증이나 알레르기와 같은 이유로 조제유를 먹지 못할 때 조제식을 먹이며, 조제식은 모유 대용보다는 이유식 대용으로 먹입니다.

그리고 이른둥이를 위한 전용유도 있는데, 이는 유당의 양을 줄이고, 지방성분으로 중쇄중성지방을 첨가하고, 단백질, 칼슘, 인, 글루코스 중합체, 비타민의 함량을 높인 것입니다. 중쇄중성지방은 소화액이나 효소의 작용 없이 바로 장에서 흡수되고 간에서 처리되어 소화에 부담을 주지 않고 더 많은 칼로리를 공급합니다. 분유는 모유보다 포만감이 더 오래 지속되어 수유 간격이 모유에 비해 길지만, 아이마다 먹는 양과 소화 속도가 다르니 아이의 배고픈 정도에 맞춰 먹여야 합니다.

첫 수유하기

자연분만의 경우 첫 수유하기

① 분만 직후 엄마가 아이에게 수유를 합니다.

② 엄마가 아이를 포근하게 안고 "**(태명) 사랑해. 엄마야. 찌찌 먹자."라고 말을 하고 수유를 합니다.

③ 아빠도 아이에게 가볍게 스킨십을 하며 "**(태명). 아빠도 있어. 사랑해."라고 말합니다.

④ 아이는 빠는 힘이 약하고, 엄마는 아직 젖이 분비되지 않아 실제 수유가 이루어지지는 않지만, 아이와 부모의 애착형성과 수유를 위한 준비 과정이니 꼭 해 보길 바랍니다.

제왕절개의 경우 첫 수유하기

① 제왕절개 후 가급적 빠른 시간 내에 첫 수유를 합니다.

② 엄마가 아이를 포근하게 안고 "**(태명). 사랑해. 엄마야. 찌찌 먹자."라고 말하고 수유를 합니다.

③ 아빠도 아이에게 가볍게 스킨십을 하며 "**(태명). 아빠도 있어. 사랑해."라고 말합니다.

④ 엄마에게 투여되는 마취약이나 항생제는 아이에게 문제가 없으나, 언제 첫 수유가 가능한지에 대해서는 전문의와 상의를 하는 것이 좋습니다.

쌤에게 물어봐요!

 완전모유수유가 좋다고 해서 분유를 안 먹이고 모유만 먹이고 싶은데, 모유량이 잘 늘지 않아 걱정이에요. 분유를 같이 먹여도 될까요?

 완모! 모두가 바라지만, 꼭 완전모유수유가 아니라도 괜찮습니다.

✅ **계속 젖을 물려줍니다.**

모유는 아이가 먹는 정도에 비례해 증가합니다. 따라서 모유량을 늘리는 가장 좋은 방법은 수유를 많이 하는 것이니 시간을 두고 꾸준히 하는 것이 좋습니다. 그리고 가슴 마사지로 모유 분비를 촉진해 보는 것도 좋겠습니다.

✅ **체질적으로 모유량이 적을 수 있습니다.**

아이에게 아무리 젖을 많이 물려도 체질적으로 모유량이 적은 엄마도 있습니다. 이럴 때에는 분유를 함께 먹이면 됩니다. 완모만 고집하지 말고 엄마 몸도 생각해 주세요. 엄마가 행복해야 아이도 행복합니다.

이른둥이에게도
모유를 꼭 먹여요.

직접 수유는 어려울 수 있으니 유축을 해서 의료진에게 잘 전달해야 합니다.

　세상에 조금 일찍 오는 이른둥이가 있습니다. 이른둥이는 임신기간이 37주 미만이거나 출생 시의 체중이 2.5kg 미만인 아이를 말합니다. 이른둥이는 빨리 태어났기 때문에 여러 가지 건강상에 문제가 있을 수 있어 의료진의 도움을 받으며 특별한 돌봄을 받게 되는데, 그중 부모만이 할 수 있는 것이 바로 모유수유입니다. 이른둥이 엄마에게는 출산 후 한 달 동안 '미숙유'가 나옵니다. 미숙유는 임신성 모유라고 하기도 하는데, 신기하게도 이른둥이를 낳은 엄마의 모유는 만삭에 아이를 낳은 엄마의 모유보다 단백질 및 면역성분이 풍부합니다. 이른둥이에게 필요한 것을 엄마의 몸이 스스로 만들어낸 것이지요. 그런데 이렇게 좋은 모유를 먹이는 게 쉽지 않습니다. 이른둥이는 인큐베이터에서 일정한 기간 동안 의료적 처치를 받게 되어 모유수유가 불가능한 상황이 생기기도 하고, 모유수유가 가능하다고 해도 이른둥이가 빨고 삼키는 것이 미숙해 수유가 어렵기 때문입니다. 그리고 부모는 이른 출산과 아이의 신생아 집중치료실 입원으로 인한 놀람과 걱정 그리고 아이에 대한 미안함과 안쓰러움까지 겹쳐 모유수유를 신경 쓰지 못하는 경우가 있습니다. 또한 엄마는 출산 후 몸조리를 해야 하는 상황에서 온통 아이에게 신경을 쓰다 보니 몸과 마음도 많이 지치게 되어 모유수유가 어려울 수도 있습니다.

　이럴 때 가장 먼저 해야 하는 것은 엄마 몸의 회복과 마음의 안정을 찾는 것입니다. 그리고 아빠도 엄마만큼 힘든 상황이지만, 지금의 상황을 가장 잘 이해하고 엄마에게 안식을 줄 수 있는 사람 또한 아빠이니, 아빠의 큰 사랑과 믿음을 엄마와 아이에게 잘 전해야 합니다.

부모의 몸과 마음이 안정되었다면 이제는 아이를 위해 모유수유를 시작해 보겠습니다. 직접 수유는 어려울 수 있으니 유축을 해서 의료진에게 잘 전달해야 합니다. 아이는 튜브로 혹은 젖병으로 모유를 먹게 됩니다. 유축한 모유는 반드시 한 번에 먹을 양 만큼씩만 개별 포장해 냉장 또는 냉동으로 전달합니다. 그리고 짧은 면회 시간에 아이를 만나면 "엄마 아빠가 맛있는 맘마 가지고 왔어. 우리 **(태명 또는 이름) 많이 먹고 얼른 집에 가자."라고 말해주는 것을 잊지 말아주세요. 뱃속에서부터 들었던 엄마 아빠의 목소리를 들은 아이는 분명 힘을 낼 것입니다.

쌤에게 물어봐요!

임신중독이 심해 빨리 출산하게 되었습니다. 저는 병원에서 퇴원을 하고 조리원에 있는데, 아이는 아직 병원에 있습니다. 너무 마음이 아프고, 아이에게 죄책감이 듭니다. 앞으로 아이를 잘 키울 수 있을지 자신이 없어요.

엄마의 아픈 마음이 느껴집니다.

ⓥ 엄마의 잘못이 아닙니다.

임신은 엄마가 아이를 품어서 키우는 과정이고, 엄마와 아이가 한 몸에서 함께 자라는 과정이기도 합니다. 당연히 한 몸에 사는 두 사람 모두 건강하도록 최선의 선택을 해야 합니다. 임신중독은 누구의 잘못도 아닙니다. 그리고 이른 출산은 분명 엄마와 아이를 위한 최선의 선택이었을 테니 죄책감은 잊어야 합니다. 죄책감 대신에 "나는 최선의 선택을 했어."라고 스스로에게 그리고 아이에게 말해주세요. 아이가 엄마 아빠를 보러 왔으니, 엄마 아빠도 몸과 마음 건강하게 아이 곁에 있어야 하니까요.

ⓥ 충분히 잘 키울 수 있어요.

편안하고, 행복하게 아이를 키우는 부모는 없습니다. 부모는 초보이고, 아이는 프로니까요. 아이는 프로답게 울고, 보채고, 떼쓰는 모든 것을 합니다. 그럴 때마다 초보 부모는 흔들리게 되고, 점점 부모로서의 자신감이 떨어지기도 합니다. 그래서 아이의 발달에 맞는 적절한 양육방법에 대한 공부가 필요합니다.

아이마다
먹는 양이 달라요.

아이가 먹고 싶을 때 충분히 먹이는 것이 가장 좋습니다.

아이가 얼마나 먹어야 충분할까, 혹시 배가 고픈 건 아닐까, 늘 걱정이 따라다닙니다. 대개 생후 1~2주 동안은 2~3시간마다 60~90ml씩, 1개월 정도에는 60~100ml씩 6~10회, 3개 월 정도에는 120~180ml씩 5~6회, 6개월 정도에는 150~200ml씩 4~5회, 12개월 정도에 는 210~240ml씩 3회 정도를 먹는다고 합니다. 그러나 이는 평균적인 수치일 뿐 아이마다 먹는 양과 수유 간격은 매우 다릅니다. 그래서 책에 적혀 있는 수치는 참고만 하고, 우리 아이 를 잘 관찰해 아이가 먹고 싶을 때 충분히 먹이는 것이 가장 좋습니다. 하지만 충분히 먹었는 지가 걱정입니다. 분유를 먹거나 모유를 유축해서 먹는 아이는 그 양을 확인할 수 있지만, 모 유를 바로 먹는 아이는 양을 확인하는 것 자체가 불가능하니 더 걱정이 되겠지요.

걱정을 해결하는 방법은 아이의 행동을 관찰하는 것입니다. 아이는 배가 고픈지, 부른지 부 모에게 신호를 보내니까요. 아이는 배가 고프면 자연스럽게 울고, 움직임이 많아지는데, 먹을 것을 찾아 목을 돌리거나 젖을 빠는 듯한 시늉을 하기도 합니다. 그리고 충분히 먹은 후에는 빨기를 멈추고 고개를 돌리기도 하고, 스르르 잠이 들기도 합니다. 아이가 보내는 신호를 잘 알아차려야 합니다.

모든 아이가 이렇게 충분히 알아서 먹으면 좋겠지만 그렇지 않은 아이도 있습니다. 그래서 충분히 잘 먹고 있는지를 배변 횟수나 체중으로 체크해 보는 것도 좋은 방법입니다. 물론 아 이마다 배변의 양과 횟수가 다르고, 체중도 다릅니다. 따라서 다른 아이와 비교하는 것이 아니라 평소 우리 아이의 배변 횟수나 양이 갑자기 줄어들거나, 체중이 서서히 늘어나는 것이 정상적인데 갑자기 유지되거나 반대로 줄어든다면 충분히 먹지 못하고 있을 가능성이 있으니 먹는 양을 늘려보는 것이 좋습니다.

모유 보관과 먹이는 방법

1. 모유는 유축한 날짜와 시간을 적은 후 냉동 보관합니다.
2. 서로 다른 시간에 유축한 모유를 섞어서 보관하지 않습니다.
3. 모유는 3개월까지 냉동보관 가능합니다.
4. 냉동한 모유는 하루 정도 냉장고에서 자연 해동하거나, 37℃ 이하의 미지근한 물에 담가 해동한 후 따뜻한 물에 중탕해 먹입니다.
5. 전자레인지 사용은 모유 속 영양성분을 파괴하므로 적합하지 않습니다.
6. 해동한 모유는 상온에서 보관하면 안 됩니다.
7. 해동한 모유는 즉시 먹이고, 재냉동하지 않습니다.
8. 해동한 모유는 지방성분이 위로 떠오르므로 잘 섞어서 먹입니다.
9. 수유 후 남은 모유는 세균 오염의 위험이 있으므로 버립니다.

쌤에게 물어봐요!

 모유를 먹이는데, 아이가 조금 먹다가 맙니다. 왜 이러는지 모르겠어요.

 많이 먹이고 싶은데, 먹는 양이 적어 고민이 되는군요. 원인을 찾아보겠습니다.

✅ 아이가 배가 고프지 않을 수 있습니다.

아이가 울면 대개 배가 고플 거라고 생각해 수유를 하거나, 어떨 때에는 울음을 그치기 위해 수유를 하기도 합니다. 이럴 경우에는 진짜로 배가 고픈 것이 아니므로 조금 먹다가 그만둘 수 있습니다. 울음 속에 담겨 있는 아이 신호를 잘 확인해 진짜로 배가 고플 때 수유를 해 주세요.

✅ 아이가 한 번에 먹는 양이 적을 수 있습니다.

아이마다 한 번에 먹을 수 있는 양과 소화시킬 수 있는 양이 있습니다. 그리고 수유를 할 때 빠는 힘이 매우 많이 필요한데, 아이 중에는 힘들어서 오래 빨지 못하는 경우도 있습니다. 이럴 경우에는 엄마가 조금 힘들 수 있지만 아이에게 맞춰 조금씩 자주 먹이거나, 아이가 조금 더 쉽게 먹을 수 있도록 유축해 젖병으로 먹이는 것이 좋습니다.

수유는
편하고 즐거워야 해요.

수유 시간은 아이가 부모의 사랑을 함께 먹는 시간입니다.

아이에게 수유는 어른이 밥을 먹는 것과 같습니다. 혼자 먹는 밥이 제일 맛이 없고, 누워서 먹으면 체하지요. 수유를 할 때에도 마찬가지입니다. 모유든 분유든 먹이는 부모와 먹는 아이가 함께 하는 것이 중요합니다. 그리고 먹이는 자세는 딱히 정해진 것은 아니므로, 아이와 부모가 편안하고 안전하면 됩니다.

엄마가 모유를 아이에게 직접 수유할 때는 엄마가 옆으로 누워서 먹이거나, 앉아서 먹입니다. 어떤 자세든지 아이의 배가 엄마의 배를 향하게 해야 합니다. 이는 아이가 바로 누운 상태로 수유를 할 때 발생할 수 있는 질식의 위험을 예방하기 위함입니다. 그리고 아이의 등이 쭉 펴지도록 하고, 엄마의 한 손이 아이의 목덜미를 받쳐 목이 살짝 뒤로 젖혀지도록 하는 것이 좋습니다. 부모가 유축을 한 모유나 분유를 먹일 때에도 동일한 자세로 먹이면 됩니다.

이때 중요한 것은 부모가 아이와 눈을 맞추고, 열심히 먹고 있는 아이를 칭찬해 주며 먹이는 것입니다. 수유 시간 자체를 아이가 부모의 사랑을 함께 먹는 시간으로 만듭니다. 아이의 감각 중에 가장 늦게 발달하는 것이 시각이지만, 1~2개월 정도의 아이도 20~30cm 정도의 거리에 있는 물체를 알아볼 수 있고, 사물보다는 사람의 얼굴 형태를 더 선호합니다. 그래서 아이는 수유를 할 때 자지 않는 이상 부모를 쳐다보고 있습니다. 그런데 부모가 계속 텔레비전만 보고 있다고 생각해 보세요. 요즘 혼밥족이 늘고 있다고 하지만 그래도 역시 밥은 같이 먹을 때가 제일 맛있는데, 아이가 수유하는 동안 내내 부모의 턱만 하염없이 쳐다보며 혼수유를 하면 안 되겠지요.

　이런 사실을 다 알고 있지만, 잠시 잠깐 잊어버려 수유를 제대로 하지 못하는 경우가 있습니다. 아이가 조금 자라면 혼자서 젖병을 들고 먹을 수 있다고 해서 혼자 덩그러니 앉아서 먹게 하기도 하고, 밤 중 수유를 할 때 부모가 잠에 취한 나머지 짜증을 내며 수유를 하기도 합니다. 또한 부모가 서로 분유 타기를 미루기도 하지요. 이럴 때 아이 마음이 어떨까요? 표현은 잘 못하지만 분명히 눈치를 볼 거예요. 수유를 할 때부터 아이가 눈치를 본다고 생각하면 마음이 너무 짠해집니다. 아이가 맛있고, 즐겁게 수유를 할 수 있도록 부모는 눈을 맞추고, 엉덩이와 등을 쓸어주며, 말을 걸어주고, 웃어 주며 먹여야 합니다. 그리고 수유를 하는 동안 아이의 코가 막히지 않는지, 너무 급하게 먹지 않는지, 사레에 걸리지 않는지 잘 살펴야 합니다. 특히 밤 중 수유를 할 때 부모가 졸면서 먹이다 보면 젖꼭지가 입에서 빠져 아이가 못 먹을 때도 있고, 엄마 가슴에 아이 코가 눌려 자칫 숨이 막힐 수도 있습니다. 물론 이런 경우 아이가 제대로 먹여달라고 울음으로 자신의 상태를 부모에게 알리지만, 보다 안전하고 편하게 먹이기 위해서는 부모가 세심하게 배려를 해 주는 것이 필요합니다.

　아이 중에 성격이 급하거나, 배고픔을 많이 느껴 허겁지겁 먹는 아이가 있는데, 이런 아이에게는 배가 고프기 전에 미리 수유를 시작하는 것이 좋습니다. 그리고 모유를 직접 먹일 때 아이가 한 번에 삼키는 양보다 나오는 모유의 양이 많아 사레에 걸리는 경우가 있습니다. 이때에는 아깝다고 생각하지 말고 수유 전에 유축을 해서 모유를 조금 버린 후 먹이면 도움이 됩니다. 또한 분유를 먹다가 짜증을 내고 우는 아이도 있습니다. 젖병은 단계별로 한 번 빨 때마다 나오는 양이 다른데, 아이의 발달에 맞지 않을 경우 한 번에 분유가 너무 많이 나오거나, 너무 적게 나와 아이가 울고 짜증을 내는 것입니다. 아이의 먹는 양과 발달을 고려해 젖병을 잘 선택해 주세요.

모유와 분유수유 방법

모유수유

① 유방을 마사지해 모유가 잘 나오게 하고, 유두와 유륜을 깨끗하게 닦습니다. 유두와 유륜을 비누로 씻으면 건조해지고, 갈라질 수 있으니 흐르는 물로 씻습니다.

② 엄마의 엄지를 유두에서 3cm 정도 위쪽에, 나머지 손가락은 아래에 두고 자연스럽게 C자 모양으로 유방을 잡습니다.

③ 아이의 목젖 앞에 유두가 위치하도록 유두와 유륜 모두 깊이 물립니다. 깊이 물려야 유륜 속에 펌핑기능이 있는 유관동이 아이 입에 들어가 모유가 잘 나옵니다.

④ 수유 시 유두에 난 상처로 인해 피가 날 수 있는데, 아이가 피를 조금 먹는 건 괜찮습니다. 그러나 유두에 상처가 심할 때에는 전문의를 찾아 진료를 받는 것이 좋습니다.

⑤ 함몰유두의 경우에는 함몰유두교정기를 사용합니다. 처음에는 교정기의 도움을 받겠지만, 아이가 젖을 많이 먹으면 유두가 자연스럽게 돌출되어 함몰유두가 없어질 수도 있습니다.

분유수유

① 아이의 월령과 발달에 맞는 분유를 선택합니다.

② 젖병에 끓여 식힌 물을 수유량의 1/3 정도 넣습니다.

③ 정량의 분유를 넣습니다.

④ 손바닥 사이에 젖병을 끼워 비비듯 분유를 녹입니다. 위아래로 흔들 경우 덩어리와 거품이 생깁니다.

⑤ 수유량만큼 물을 넣습니다.

⑥ 온도를 체크합니다. 부모의 손목에 분유를 1~2방울 떨어뜨렸을 때 따뜻한 정도가 좋습니다.

⑦ 젖병을 45도로 기울여 젖꼭지에 분유를 가득 채운 후 먹입니다. 이렇게 먹여야 공기 흡입이 최소화됩니다.

⑧ 먹다 남은 분유는 20분 내로 먹지 않으면 세균 오염의 우려가 있으므로 버립니다.

♥ 수유할 때 아이에게 무슨 말을 해야 할지 모르겠어요. 아이는 말도 못 하잖아요.

 이제 익숙해지면 됩니다.

✅ **"배고프구나. 찌찌(맘마) 먹자."라고 말을 합니다.**

아이가 배고픔을 울음으로 표현한다면 "배고프구나. 찌찌(맘마) 먹자."라고 감정을 읽어주고, 수유를 할 것임을 알려줍니다. 물론 아이가 다 알아듣는 건 절대 아니지만, 대화를 통해 소통하는 방법을 조금씩 알려주고, 정서적인 교류를 하는 것이 중요합니다. 아이는 매일 자라고 있으니까 곧 엄마 아빠의 말을 알아듣게 된답니다.

✅ **"잘~ 먹네. 맛있겠네. 아이고~ 이뻐."라고 말을 합니다.**

수유를 하는 중에 아이가 잘 먹을 때에는 잘 먹는 것을 칭찬하고, 사랑을 표현하는 말을 하면 됩니다.

✅ **"오늘은 찌찌(맘마) 먹기 힘들구나. 우리 조금만 더 먹어보자."라고 말을 합니다.**

아이가 수유를 할 때 짜증을 내거나, 힘들어 할 때에는 같이 짜증을 내거나 야단치기보다는 "오늘은 찌찌(맘마) 먹기 힘들구나. 우리 조금만 더 먹어보자."라고 다독여 주세요. 그래도 먹지 않는다면 수유를 멈추었다가 배가 고플 때 다시 시작하면 됩니다. 아이도 기분에 따라 먹기 싫어 투정을 부릴 때가 있답니다.

수유의 완성은
트림이에요.

아이가 토를 하는 이유는 수유 중에 공기를 함께 마셨기 때문입니다.

　수유를 한 후 아이가 토하는 경우가 많습니다. 기껏 먹인 것을 다 토하니 안타까워 토하련 어떡하냐고 푸념을 하는 부모도 있고, 토한 것이 더럽다고 아이를 타박하는 부모도 있습니다. 밥 먹다가 야단맞으면 싫지요? 아이도 마찬가지로 토하는 것도, 야단맞는 것도 정말 힘들고 싫을테니 토하지 않도록 트림을 잘 시켜 주어야 합니다.

　아이가 수유 후 토하는 이유는 수유 중에 공기를 함께 마셨기 때문입니다. 이 공기는 위의 압력을 높여 아이를 토하게 만들고, 배앓이의 원인이 되기도 합니다. 특히 아이는 어른과 다르게 위가 길쭉하게 생겼고, 식도는 짧으며, 위와 식도를 연결하는 근육의 발달이 미숙해 역류가 잘 됩니다. 이런 구조상의 문제를 가지고 아이를 야단치면 안 되겠지요. 그래서 수유가 끝나면 아이의 등을 두드려 트림을 시켜 수유 중에 들이마신 공기를 빼줘야 맛있게 먹은 모유나 분유를 토하지 않고 몸이 편해집니다.

　트림을 시키는 대표적인 자세가 있습니다. 첫 번째 자세는 아이를 부모 무릎에 앉히고, 부모의 한쪽 손은 아이의 위 가슴과 아래턱을 받치고, 다른 손은 손바닥으로 아이의 등을 아래에서 위로 쓸어 올리거나 토닥입니다. 두 번째 자세는 아이의 상체를 부모의 어깨에 걸칩니다. 한쪽 손으로 아이의 엉덩이를 받치고, 다른 손으로 아이의 등을 쓰다듬거나 토닥입니다. 세 번째 자세는 아이를 부모의 무릎 위에 엎드리듯 눕혀서 등을 손바닥으로 쓸어주거나 가볍게 토닥입니다. 이때 아이의 목과 턱이 눌릴 수 있으니 조심해야 합니다. 트림을 하는 과정에서도 토할 수 있어 아이를 잘 봐야 하고, 토를 했을 때 바로 닦을 수 있도록 손수건이나 물티슈를 미리 준비해야 합니다. 위의 세 가지 자세가 대표적이지만, 트림도 수유와 마찬가지로 부모와 아이가 가장 편안하고 안전한 자세를 취하면 되니 아이와 함께 가장 편안한 자세를 찾아보길 바랍니다.

그런데 등을 쓸어주고 토닥여 주어도 트림이 나오지 않는 경우도 있습니다. 만약 10분 정도 트림을 시켰는데 하지 않는다면, 트림시키기를 멈추고 놀거나 잘 때 혹시 토하지 않는지 살펴봐야 합니다. 언제나 대책보다는 예방이 중요하듯이 평소 잘 토하는 아이라면 수유 중에 공기를 많이 마시지 않도록 천천히 먹이고, 젖병을 사용할 때에는 45°로 기울여 젖꼭지에 모유나 분유를 꽉 채워 먹이는 것이 좋습니다. 수유를 하다 보면 한 방울이라도 더 먹이기 위해 젖꼭지에 조금 남은 모유나 분유를 끝까지 다 먹이는 경우가 있는데, 이럴 경우 아이가 젖병에 있는 공기를 함께 마시게 되니 하지 않아야 합니다. 그리고 먹는 중에 트림을 시켜 주며 먹이는 것도 도움이 되지만, 먹다가 멈추는 것은 정말 어려운 일이니 참고만 해 주세요.

밤 중 수유도
끊는 시기가 있어요.

아이의 발달 상태에 맞추어 자유롭게 밤 중 수유를 끊는 시기를 정하되, 늦어도 8개월까지는 완전히 끊는 것이 좋습니다.

　아이를 사랑하지만 밤에 자다 깨서 수유를 하는 건 부모에게 여간 힘든 일이 아닙니다. 모유라면 바로 수유가 가능한데, 분유라면 분유를 타는 수고로움이 필요해 더욱 힘이 듭니다. 그리고 사실 아이에게도 밤 중 수유가 그리 좋지만은 않습니다. 자다 깨서 모유나 분유를 먹게 되면 깊은 잠에 드는 것을 방해받을 수 있기 때문입니다. 이로 인해 성장에 방해가 되기도 하고 특히, 유치가 난 이후에는 입 안에 남아 있는 모유나 분유 때문에 치아 건강에도 좋지 않습니다. 그래서 부모와 아이 모두를 위해서 밤 중 수유는 적당한 시기에 끊어야 합니다.

　아이마다 차이가 있지만 보통의 경우 백일 정도가 지나면 낮과 밤을 구별할 수 있어 낮보다 밤에 조금 더 잘 자게 됩니다. 그리고 소화기관이 더 발달해 먹는 양이 늘면서 자는 동안에는 먹지 않고 견딜 수 있다고 합니다. 그래서 백일이 지나면 밤 중 수유를 끊는 것을 생각해 볼 수 있습니다. 또한 6개월 전후로 이유식을 시작하게 되는데, 아이가 이유식을 잘 먹는다면 그만큼 배가 고프지 않으니 완전히 밤 중 수유를 끊어도 좋습니다. 밤 중 수유를 너무 오래 할 경우 아이가 익숙함에 의존하게 되어 끊기가 더 어려워집니다. 따라서 아이의 발달 상태에 맞추어 자유롭게 밤 중 수유를 끊는 시기를 정하되, 늦어도 8개월까지는 완전히 끊는 것이 좋습니다. 물론 아이의 체중이 적거나, 건강상의 이유가 있다면 밤 중 수유를 조금 더 할 수 있습니다.

밤 중 수유를 끊는 시기를 결정할 때 고려해야 하는 것에는 아이의 먹는 양과 체중, 밤에 자는 패턴 외에 또 하나 중요한 것이 있는데, 바로 부모가 밤 중 수유를 끊을 마음의 준비가 되어 있느냐 하는 것입니다. 왜냐하면 밤 중 수유를 하다가 끊게 되면 아무리 적응을 잘하는 아이라고 해도 분명 최소 며칠 동안은 밤에 자다 깨 칭얼거리게 되는데, 이때 부모가 잘 버티고 아이를 다독여 재울 수 있어야 하기 때문입니다. 만약 밤 중 수유를 끊었다가 아이가 보챌 때 다시 수유를 하게 되면 끊기를 시도하지 않은 것보다 못하게 됩니다. 아이와 부모의 몸과 마음이 모두 준비가 되었을 때 하면 좋겠습니다.

쌤에게 물어봐요!

 밤 중 수유를 끊으려고 하는데, 아이가 자꾸 웁니다. 아이가 우는 건 당연한데, 울음소리가 시끄럽다고 짜증을 내는 남편이 너무 밉습니다. 출근을 해야 하니 잘 자야 하는 건 이해를 하지만, 너무 서운해요.

 엄마도 힘들 텐데, 많이 서운하고 속상하겠습니다.

✓ 부부의 대화가 필요합니다.

아빠가 평소 같았으면 짜증을 내지 않았을 텐데, 피곤하다 보니 실수를 한 것으로 보입니다. 아마 아침에 일어나면 말은 못 하지만, 분명 미안해하고 있을 거예요. 이러한 일상적인 일이 쌓이다 보면 문제가 커집니다. 커지기 전에 미리 서로의 마음을 표현하고 해결하는 것이 좋겠지요. 비난의 말은 도움이 되지 않으니 아빠의 피곤함을 알아주고 엄마의 힘듦과 서운함을 솔직하게 표현해 서로에 대해 이해하는 과정이 필요합니다.

✓ 잠시 서로 다른 방에서 자길 권합니다.

서로의 힘듦을 이해한다고 해도 밤마다 아이의 울음으로 인해 부부의 마음이 상하면 안 되겠지요? 부부가 서로 힘들다면 아이의 밤 중 수유 끊기를 성공할 때까지만 잠시 아빠가 다른 방에서 자는 것도 좋겠습니다. 분명 한시적으로 분리해서 자야 합니다.

밤 중 수유를
끊는 방법이 중요해요.

밤 중 수유는 끊는 시기만큼 끊는 방법도 중요합니다.

　밤 중 수유는 끊는 시기만큼 끊는 방법도 중요합니다. 부모는 밤 중 수유를 끊겠나는 계획을 세웠으니 마음의 준비가 됐겠지만, 이 상황을 전혀 모르는 아이는 밤에 맛있게 먹던 모유나 분유를 갑자기 못 먹게 되니 배가 고프기도 하고, 더불어 허전함과 배신감을 느끼게 될지도 모르니까요.

수유 패턴 확인하기

　아이의 수유 간격이 4시간 정도가 되고 일정한 간격을 유지할 수 있다면 밤 중 수유 끊기를 생각해 볼 수 있습니다. 밤 중 수유를 끊기 위한 계획을 세우기 위해서는 가장 먼저 아이의 수유 패턴을 확인해야 합니다. 밤에 몇 시쯤 수유를 하는지, 몇 번 수유를 하는지, 한 번 수유를 할 때 몇 분 정도 먹는지, 언제 가장 많이 먹는지, 언제 가장 적게 먹는지 등 아이마다 독특한 수유 패턴이 있기 때문입니다. 아이의 수유 패턴 확인을 통해 진짜로 배가 고파서 먹는 것과 자다 깨어 습관적으로 먹는 것을 구분하게 되면 밤 중 수유를 쉽게 끊을 수 있습니다.

계획하기

밤 중 수유를 끊기로 마음먹었고, 수유 패턴을 확인했다면 이제는 계획을 세워야 합니다. 생각만 하는 것과 구체적인 계획을 세우는 것은 부모의 실천 의지를 달라지게 하므로 구체적인 계획을 세우는 것이 좋습니다. 밤 중 수유는 아이가 가장 적게 먹는 시간부터 끊으며 수유 횟수를 줄여나가면 됩니다. 아이가 가장 배가 덜 고플 때 수유를 멈추어야 아이의 힘듦이 줄어드니까요. 밤에 수유를 끊으려고 하면 아이가 그대로 수용하기보다는 더 먹겠다고, 더 달라고 보채고 울게 됩니다. 이때 자다 깬 부모는 우는 아이를 달래고 다시 재워야 하는데, 아이가 안쓰럽거나 혹은 졸려서 빨리 자고 싶은 마음에 그만 수유를 다시 하는 경우가 있습니다. 이러면 안 되겠지요. 계획을 단단히 세우고, 졸림을 이길 부모의 의지를 다져 주세요. 한 번의 꾸준한 시도로 성공하는 것이 아이에게도, 부모에게도 제일 편합니다.

계획 실천하기

밤 중 수유를 끊을 계획을 세웠고, 부모의 마음도 준비됐다면, 이제부터는 정말로 아이와 함께 밤 중 수유를 끊는 시도를 해야 합니다. 그런데 부모만 노력한다고 해서 되는 것이 아니지요? 아이도 마음의 준비가 필요합니다. 그렇기에 밤 중 수유를 끊는 것에 대해 아이에게 꼭 이야기해야 합니다.

부모는 잠자기 전 마지막 수유를 할 때 아이에게 "우리 이제 일주일 후부터 밤에 찌찌(맘마) 먹는 거 줄일 거야."라고 이야기합니다. 그리고 밤 중 수유 끊기를 시작하는 날에는 "우리 이제 밤에는 2번만 먹을 거야."라고 말합니다. 여러 날 동안 서서히 횟수를 줄여나갑니다. 그런 후 완전히 밤 중 수유를 끊는 날에는 "우리 이제 밤에는 찌찌(맘마) 안 먹을 거야. 아침에 찌찌(맘마) 먹자."라고 말해줍니다. 아이가 다 알아듣는 건 물론 아니지만 무의식 중에 대화하는 것에 익숙해지고, 어느 날 몸으로 이해하게 됩니다. 몸으로 이해했다는 것은 습관이 되었다는 것이고, 부모가 목표한 행동이 이루어졌다는 의미입니다.

아이와 부모 모두 칭찬하기

아이가 자다 깨어 수유를 해 달라고 울 때 부모는 절대로 아이와 함께 흥분해서는 안 됩니다. 부모가 흥분하면 아이가 놀라 더 힘들어지니까요. 부모는 지금 당장은 힘들겠지만, 곧 통잠을 잘 아이를 생각하며 다독여 다시 재워야 합니다. 이때 아이가 울음을 서서히 그치기 시작하면 "우리 **이. 울음도 잘 그치네. 이제 찌찌(맘마) 안 먹어도 잘 자는구나."라고 칭찬을 해 아이가 자신의 행동을 지속할 수 있도록 도와주세요. 그리고 아이가 잠이 들면 부모는 부모 자신에게도 칭찬을 해야 합니다. 자다 깬 아이를 수유의 힘을 빌리지 않고 다시 재우는 이 어려운 걸 해냈으니까요. 칭찬을 통해 아이도 안정이 되겠지만 부모도 만족감을 느끼고, 부모로서의 자신감도 생겨 앞으로 더욱 부모역할을 잘하게 될 것입니다.

쌤에게 물어봐요!

 밤 중 수유를 끊었는데 아이가 계속 울어요. 진짜로 배가 고픈 건 아닐까요?

 배가 고플까 봐 걱정이 되는군요. 배가 고픈지, 안 고픈지는 잘 살펴보면 됩니다.

✓ 아이의 상태를 먼저 살펴봅니다.

기저귀가 젖었는지, 잠자리가 불편한 것은 아닌지 먼저 살펴봐 주세요. 운다고 해서 모두 배가 고픈 것은 아니니까요.

✓ 토닥여 재우기를 시도해 봅니다.

10~20분 정도 토닥여 재우며 지켜봐 주세요. 다시 잠들게 되면 배가 고픈 건 아니고, 습관적으로 수유를 원하는 것이니 수유를 하지 않아도 괜찮습니다.

✓ 배가 고프다면 보리물을 먹입니다.

배가 고프다고 해서 계속 수유를 할 수는 없습니다. 아이가 푹 자야 건강에도 좋으니까요. 잠자기 전에 수유를 많이 하고, 그래도 배가 고프다면 끓여서 식힌 보리물을 먹여 주세요. 그리고 서서히 보리물을 먹는 것도 줄여나가면 됩니다.

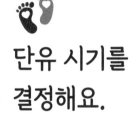

단유 시기를
결정해요.

모든 양육행동은 적절한 시기가 있으니 단유 시기도 잘 결정해야 합니다.

밤 중 수유를 끊는 것을 시작으로 완전히 수유를 끊는 건 언제일까 궁금하지요? 모유와 분유의 단유 시기가 조금 다르지만, 영양적인 측면에서 살펴본다면 이유식을 통해 영양분을 잘 섭취할 때가 단유를 할 시기입니다. 그리고 정서적인 측면에서 살펴본다면 부모와 아이가 서로 힘들지 않고, 서운하지 않을 때가 바로 단유를 하는 최적기입니다. 수유를 할 때 힘들어하던 부모도 단유를 할 때 좋아하기보다는 오히려 서운해할 때가 많습니다. 특히 모유를 먹였을 때 더욱 그렇습니다. 이는 수유가 단순히 아이를 먹이는 양육행동 외에도 부모와 아이의 정서적 교감이 이루어지는 순간이었기 때문입니다. 아이 못지않게 부모도 수유를 할 때 아이와 눈을 맞추고, 서로 웃는 행복감을 느꼈기 때문에 조금은 서운할 수 있습니다. 그렇다고 계속 수유를 할 수는 없지요? 모유든 분유든 수유를 할 때 충분히 행복하게 하고, 단유 시기가 오면 잘 자란 아이에게 칭찬을 듬뿍하고, 단유를 잘할 수 있도록 도와야 합니다.

모유를 먹는 아이는 두 돌까지 먹이고 단유를 하길 권장합니다. 물론 영양 섭취는 이유식을 통해 가능하나 단순히 영양을 채우는 것 외에 부모와 아이의 정서적인 관계를 돈독하게 하기 위함입니다. 분유를 먹는 아이는 돌 전후에 단유를 해도 좋습니다. 그러나 이유식을 잘 먹지 않으려 한다면, 분유로 보충을 해 주면서 몇 개월 더 먹인 후 서서히 분유를 줄여나가도 좋습니다. 또한 모유를 먹이는 것처럼 아이를 안고 분유를 먹이며, 모유수유와 동일하게 정서적인 관계를 돈독하게 하고 싶다면 조금 더 분유를 먹여도 됩니다.

단유를 하는 시기는 부모와 아이의 상황에 맞게 결정하면 되지만, 반드시 기억해야 하는 것이 있습니다. 바로 이유식이 주식이고, 모유나 분유는 간식이라는 것입니다. 이 점을 잘 기억해 아이의 수유에 대한 의존성을 낮춰 주어야 합니다. 가끔 두 돌 이상이 되어도 유아식을 먹지 않고 분유만 먹으려는 아이가 있습니다. 이 아이는 단유 시기를 놓쳐 분유의 맛과 먹는 방법에 고착이 되어 밥이라는 새로운 음식에 적응하기 어려워 거부 반응을 나타내는 것입니다. 모든 양육행동은 적절한 시기가 있으니 단유 시기도 잘 결정해야 합니다.

고착

발달이 다음 단계로 진행이 되지 않고 그 단계에 머무르는 것입니다. 지나치게 만족스럽거나 반대로 지나치게 불만족스러웠을 때 나타납니다.

쌤에게 물어봐요!

아이가 분유를 먹을 때 집중을 못해요. 젖병을 던지고, 장난을 칩니다. 어떻게 해야 할까요?

아이가 수유에 집중하도록 도와주면 됩니다.

✅ **배가 고픈지 확인이 필요합니다.**

배가 고프지 않을 수 있습니다. 아이의 수유 간격과 먹는 양을 확인해 보는 것이 좋겠습니다.

✅ **조용히 수유를 할 수 있는 분위기를 만들어 줍니다.**

주변에 재미난 놀잇감이 있다면 주의가 산만해질 수 있습니다. 주변을 정리하고, 부모와 눈을 맞추며, 수유에 집중할 수 있도록 분위기를 만들어 주세요. 아이가 수유를 할 때부터 먹는 시간과 노는 시간을 구분해주면 나중에 밥을 먹을 때에도 잘 먹게 됩니다.

아이와 함께
단유를 완성해요.

아이에게 단유에 대해 설명을 잘하고, 협조를 요청해야 합니다.

단유는 부모 혼자서 하는 것이 아닙니다. 아이와 함께 하는 것이지요. 그래서 부모는 아이에게 단유에 대해 설명을 잘하고, 협조를 요청해야 합니다. 이미 밤 중 수유를 끊는 과정을 한번 거쳤으니, 낮 동안의 수유를 끊는 것은 부모도 아이도 더 잘 할 수 있습니다.

첫 번째, 부모가 아이에게 단유 시기를 알립니다. 단유 일주일 전부터 매일 아이에게 "이제 (언제)까지 먹고, 찌찌(맘마) 안녕 하는 거야."라고 말해주세요. 그리고 단유를 하는 날 "오늘만 먹고, 이제 찌찌(맘마) 안녕 하는 거야."라고 말하고 충분히 수유해 주세요. 아이가 서서히 마음의 준비를 할 수 있도록 도와주는 과정입니다.

두 번째, 아이가 엄마 가슴이나 젖병과 작별 인사를 합니다. 아이가 "찌찌(맘마) 안녕"이라고 말하도록 도와주세요. 그리고 부모는 이렇게 작별 인사를 잘한 아이에게 "찌찌(맘마) 안녕도 하고, 이유식도 잘 먹고, 우리 ** 많이 컸네. 사랑해."라고 칭찬과 사랑의 메시지를 꼭 전달해 아이가 자신의 행동에 대한 자신감을 가지게 해주세요.

세 번째, 일관되고 단호하게 행동합니다. 단유를 했으나, 분명 다음 날이 되면 아이는 언제나처럼 또 수유를 원할 거예요. 그때는 "이제 안녕했어. 맛있게 빠빠 먹자."라고 말하고 다독여 주세요. 아이가 울고 보챌 때 부모가 마음이 약해져서 다시 수유를 하는 일은 절대로 없어야 합니다. 만약 단유 후 다시 수유를 하게 되면 아이가 수유에 의존하게 되어 다시 단유를 시도할 때 어려움이 생깁니다.

네 번째, 젖병을 쓰레기통에 버리는 일은 절대로 하지 않습니다. 가끔 충격요법으로 단유를 하겠다며 아이가 보는 앞에서 젖병의 젖꼭지를 가위로 자르거나, 젖병을 아기들이나 쓰는 물건이라며 쓰레기통에 버리는 경우가 있습니다. 말 그대로 충격적인 장면으로 아이의 기억에 남게 됩니다. 아이는 엄마의 가슴과 젖병을 영양 공급뿐만 아니라 사랑받았고, 편안하고, 행복한 순간으로 기억하는데, 이렇게 아픈 이별을 하면 안 되겠지요.

아이는 자라면서 새로운 것들을 많이 시작하게 됩니다. 반대로 익숙하고 편했던 것들과 이별하게 됩니다. 이별이 힘든 상실이 아니라 성장에 대한 훈장이 될 수 있도록 아이 마음에 대한 배려는 듬뿍해주되, 행동은 일관되고 단호하게 해주세요.

하나 잘 먹기

이유식

- 이유식은 꼭 먹여야 해요.
- 이유식에는 원칙이 있어요.
- 이유식은 먹는 양만큼 먹는 태도도 중요해요.
- 미음으로 이유식을 시작해요.
- 초기 이유식으로 묽은 죽을 먹어요.
- 중기 이유식으로 된 죽을 먹어요.
- 후기부터는 이유식이 주식이 돼요.
- 이제 밥 먹을 준비가 됐어요.

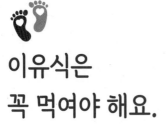

이유식은
꼭 먹여야 해요.

이유식은 월령에 맞는 식재료를 통해 영양을 섭취하고, 자신만의 알레르기 반응을 확인해 앞으로 안전한 식사를 하기 위해 관찰하고 준비하는 과정입니다.

대부분의 부모들은 이유식을 먹일 때부터 영양을 고려해 신경을 많이 씁니다. 그런데 가끔 이유식을 하지 않고 바로 밥을 먹이는 경우가 있습니다. 부모의 말을 들어보면 "아이가 6개월 정도부터 어른들의 밥을 먹으려 했고, 밥을 조금씩 먹였더니 잘 먹어서 특별히 이유식 과정 없이 밥을 먹이게 되었어요."라고 합니다. 이는 단지 운이 좋아서 아이가 배탈이나 알레르기 반응을 일으키지 않았을 뿐입니다.

이유식은 단지 어린아이가 단단하거나 매운 음식을 먹지 못하기 때문에 싱거운 죽을 먹는 것이 아니라, 월령에 맞는 식재료를 통해 영양을 섭취하고, 자신만의 알레르기 반응을 확인해 앞으로 안전한 식사를 하기 위해 관찰하고 준비하는 과정입니다. 또한 씹는 연습을 하고, 먹고 싶은 욕구를 충족하며, 올바른 식습관을 형성하는 과정입니다. 그래서 조금은 귀찮고 번거롭더라도 이유식을 먹이는 순서와 원칙에 따라 꼭 먹여야 합니다.

이유식은 보통 4~5개월 정도에 미음으로 시작해 12~24개월에 밥을 먹을 수 있을 때까지 준비기, 초기, 중기, 후기, 완료기로 진행합니다. 모유를 먹는 아이는 6개월 정도에 이유식을 시작하고, 분유를 먹는 아이는 조금 더 빨리 4개월 정도에 시작하기도 합니다. 그러나 아이마다 발달이 다르기 때문에 이유식을 시작하는 시기는 모두 다르며, 아이가 준비된 정도에 맞추어 시작해야 합니다.

이유식은 앉아서 먹어야 하기에 일단 아이가 목을 가누고 앉아 있을 수 있어야 시작을 고려해 볼 수 있습니다. 그리고 몸무게가 출생 시의 2배 정도가 되고, 수유를 한 후 4시간 이내에 배고픔을 느끼면 아이가 이유식을 시작할 준비가 되었다고 생각하면 됩니다. 이때 아이는 어른들의 밥에 관심을 보이기 시작하고, 침을 흘리며, 입을 오물거리는 행동을 보이기도 합니다.

아이가 이유식을 먹을 수 있다는 신호를 보내면 부모는 마음이 분주해집니다. '어떻게 해야 이유식을 잘 먹여 건강하고 크게 키울 수 있을까?'하는 고민으로요. 학창 시절보다 더 열심히 이유식에 대해 공부하고, 이유식 전용 조리 도구를 사서 갈고, 다지고, 찌고, 지극정성을 다 하지요. 그런데 이렇게 열심히 이유식을 만들면 만드는 동안 부모가 먼저 지치게 됩니다. 이유식은 밥을 먹는 연습 과정이고, 이유식이 끝나면 아이가 자라서 독립을 할 때까지 계속 밥을 해주어야 하는데 초반부터 이렇게 진을 빼면 나중에 힘들어집니다. 밥 먹는 건 일상적인 일입니다. 늘 해야 하는 일이니만큼 특별하지 않아야 오래도록 즐겁게 잘할 수 있습니다. 그래서 반드시 이유식을 먹여야 하지만, 너무 잘 먹이려고 애쓰지 말고 조금은 가벼운 마음으로 이유식을 시작하면 좋겠습니다.

쌤에게 물어봐요!

이유식을 매번 만들어 먹이는 것이 너무 번거로워서 사서 먹이려고 하는데, 괜히 아이에게 미안한 마음이 듭니다. 꼭 만들어 먹여야 할까요?

이유식을 안 먹이는 것도 아닌데 자꾸만 마음이 불편해지나 봅니다. 아이도 부모도 서로 좋은 방법을 찾으면 됩니다. 정답은 없으니까요.

✅ **꼭 만들어서 먹여야 할 필요는 없습니다.**
매일 신선한 재료로 먹을 만큼 만들어 먹이라는 것은 부모의 노력과 사랑을 확인하기 위함이 아니라 영양과 위생 때문입니다. 아이는 소화 기능과 면역력이 약해서 혹시라도 상했거나, 첨가물이 들어간 것을 먹으면 안 되니까요. 요즘은 시판 이유식도 영양면으로나 위생면으로나 좋은 것들이 굉장히 많습니다. 만들 수 없는 상황이라면 안전하고 맛있는 것으로 사서 먹여도 괜찮습니다.

✅ **즐겁게 함께 먹는 것이 더 중요합니다.**
뭘 먹는지도 중요하겠지만, 가족이 함께 즐겁게 먹는 것이 더 중요합니다. 미안함은 버리고, 즐거운 마음으로 맛있게 함께 먹도록 하겠습니다.

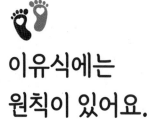

이유식에는
원칙이 있어요.

이유식은 아이의 건강과 직결된 문제이기 때문에 안전하게 잘 먹이는 것이 중요합니다.

　이유식은 아이의 건강과 직결된 문제이기 때문에 안전하게 잘 먹이는 것이 중요합니다. 그래서 꼭 지켜야 하는 몇 가지 원칙이 있습니다. 이유식의 원칙을 잘 지켜 건강하고 안전하게 먹이며 평생 먹어야 하는 밥과 친해질 수 있도록 도와주세요.

4~6개월에 이유식 시작하기

　모유나 분유를 먹이는 동안 혹시라도 아이에게 영양이 부족하진 않을까 고민이 들 때가 있습니다. 그래서 일찍 이유식을 시작하는 경우가 있는데, 이유식은 최소한 생후 4개월 이후에 시작해야 합니다. 4개월 이전의 아이는 아직 삼키는 것에 어려움이 있을 수 있어 음식물이 목에 걸리거나 기도로 넘어가 질식의 위험이 있기 때문입니다. 그리고 아이의 몸이 발달하고 있는 과정이라 소화가 힘들 수 있고, 특정 식품 알레르기로 인해 위험할 수 있기 때문입니다. 반대로 너무 늦게 이유식을 시작하는 경우도 있는데, 이럴 경우에는 아이가 모유나 분유에 의존성이 높아져 다른 음식에 적응하기 어렵고, 영양결핍이 생길 수 있습니다. 따라서 이유식 시작 시기는 6개월 전후에 아이의 발달을 고려해 시작하되, 4개월 이전에는 하지 않는 것이 좋습니다.

이른둥이는 교정연령 기준으로 이유식 하기

조금 일찍 엄마 아빠를 만나러 온 이른둥이는 발달이 잘 이루어진다고 해도 교정연령 3개월 이전과 실제연령 5개월 이전에는 이유식을 하지 않길 권합니다. 왜냐하면 소화에 무리가 있을 수 있고, 면역력이 약하거나, 새로운 음식에 대한 적응에 어려움이 있을 수 있기 때문입니다. 따라서 교정연령을 기준으로 3~5개월은 초기로 미음을 먹이고, 6~9개월은 중기로 마요네즈 정도의 농도로 먹이고, 10~12개월은 후기로 죽과 진밥을 먹입니다. 그러나 이른둥이의 경우에는 발달의 개인차가 많으니 제시된 월령과 이유식의 형태는 참고만 할 뿐 실제 아이의 발달을 잘 관찰하고, 그에 맞게 먹여야 합니다. 특히 건강상의 이유로 치료를 받고 있다면 이유식 시기를 반드시 전문의와 상의 후 결정해야 합니다.

> **교정연령 계산법**
> 교정연령은 실제 개월 수에서 빨리 태어난 개월 수만큼을 뺀 것입니다.
> 📝 2개월 먼저 태어난 5개월 아이의 교정연령은 3개월입니다.
> 　5개월 – 2개월 = 3개월

한 가지 식재료를 3~5일 정도 먹이기

아이가 특정한 식재료에 대한 알레르기 반응이 있을 수 있습니다. 알레르기 반응은 건강 혹은 생명과 직결되는 문제라 미리 파악해 알아두는 것이 중요합니다. 알레르기 반응을 확인하기 위해서는 아이에게 한 가지 식재료를 3~5일 정도 먹이며 반응을 살펴보아야 합니다. 여러 가지 식재료를 섞어서 만든 이유식을 먹일 경우, 어떤 식재료에서 알레르기 반응이 나타났는지 알 수 없기 때문에 한 가지 식재료를 며칠 동안 먹이며 반응을 관찰하는 것입니다.

알레르기 반응은 몸에 두드러기가 나는 피부반응이나, 입술, 혀, 입안 등이 붓거나 간지러운 느낌으로 나타납니다. 그 외 기침, 콧물, 호흡곤란과 같은 호흡기 질환 증상이나 복통, 설사, 토하기 등의 위장 질환 증상을 보이며, 드물게 맥박이나 혈압에 문제가 생기기도 합니다. 대부분 부모가 눈으로 확인이 가능하지만, 경미한 경우에는 부모가 발견하기 어려울 수도 있어 식재료를 월령에 맞게 안전하게 사용하는 것이 예방 차원에서 중요합니다.

이유식 알레르기에 대처하기

알레르기를 유발하는 대표적인 식품은 달걀, 우유 및 유제품, 대두, 밀, 땅콩 등입니다. 그리고 등푸른생선, 어패류, 갑각류 등의 해산물과 복숭아, 딸기, 키위, 포도, 바나나 등의 과일도 알레르기를 일으킬 수 있는 식재료입니다. 알레르기의 대부분은 소화 기능이 발달하면서 자연스럽게 사라지는 경우가 많으므로, 식재료 마다 먹여도 되는 시기를 잘 지켜 먹이면 알레르기로부터 안전할 수 있습니다. 그러나 특정 알레르기는 평생 나타날 수 있으므로, 만약 이런 경우라면 부모뿐만 아니라 부모 대신에 잠시 돌봐주는 양육자에게도 반드시 알려 주의하도록 해야 합니다.

만약 알레르기 반응이 나타나면 먹은 것을 토하게 하고, 입을 헹군 후 바로 전문의의 진료를 받아야 합니다. 이럴 경우 아이도 힘들겠지만, 더 놀라는 사람이 부모이지요. 놀란 부모는 자책을 하고, 아이에게 미안해하며, 때로는 서로를 비난하는 경우도 있습니다. 이런 행동은 아이를 돌볼 때 절대로 도움이 되는 행동이 아닙니다. 그리고 부모도 실수를 한 것뿐입니다. 자신을 혹은 서로를 탓하지 않았으면 좋겠습니다.

식재료 고유의 맛을 느끼도록 먹이기

몸에 좋고, 알레르기 반응이 없다고 해서 쌀죽에 각종 채소와 고기를 넣어서 만든 이유식을 매일 먹인다면 아이가 질려서 먹지 않으려고 합니다. 그리고 채소가 너무 많으면 과한 섬유소의 섭취로 인해 소화기관에 부담이 되고, 영양 흡수를 저해할 수 있어 좋지 않습니다. 이유식은 눈으로 색깔과 형태를 보고, 코로 냄새를 맡고, 입으로 맛을 보고, 귀로 씹히는 소리를 듣고, 숟가락 혹은 손으로 먹어보며 촉감을 느낄 수 있어 그 자체로 오감놀이입니다. 식재료 고유의 맛을 즐길 수 있도록 한 번에 너무 많은 식재료를 섞지 말아 주세요.

소금 간 하지 않기

이유식에는 소금 간을 하지 않습니다. 보통 그 이유를 아이가 짠맛에 길들여 자극적인 입맛이 되지 않도록 하기 위해서라고 알고 있지요. 물론 이런 이유도 있습니다만, 더 중요한 이유는 아이는 하루 동안 마시는 물의 양이 한 컵이 안 되고, 신장 기능도 발달하지 않아 소금을 처리할 수 없기 때문입니다. 동일한 이유로 소금뿐만 아니라 설탕이나, 조미료도 아이에게 부담이 되므로 이유식에 넣지 말아야 합니다. 어른의 입맛을 기준으로 아이의 입맛을 상상하며 싱거운 것은 맛이 없을 거라 생각해 간을 하는 건 절대 좋지 않습니다.

선식 먹이지 않기

이유식을 하는 제일 중요한 이유는 음식을 먹어 영양을 섭취하는 것이지만, 음식을 씹는 연습을 하기 위한 것도 중요한 이유입니다. 음식을 씹는 저작활동은 단순히 잘 삼키기 위해 음식을 잘게 자르는 것 같지만, 이 과정 자체가 타액과 소화효소 분비를 촉진해 소화와 흡수를 돕는 과정입니다. 그리고 턱관절이 발달해 치아가 고르게 나고, 턱관절과 치아의 발달은 언어 발달에도 영향을 줍니다. 따라서 꼭꼭 씹어 먹는 연습이 필요한데, 선식은 물에 타서 꿀꺽 삼키는 것이라 씹기 연습에 도움이 되지 않습니다. 그렇기에 선식은 이유식으로 좋지 않습니다. 씹는 활동을 잘하기 위해서는 부드러운 식재료부터 질긴 것까지 월령에 맞추어 다양하게 경험하도록 해야 합니다. 그리고 한쪽으로만 씹지 않고, 양쪽으로 번갈아 가며 씹도록 하는 것이 좋습니다.

돌 전 아이에게 꿀 절대 금지

꿀에는 '보툴리누스'라는 균이 있습니다. 이 균을 돌 전 아이가 먹을 경우 '유아보툴리누스증'이라는 중독증을 일으키게 됩니다. 이 중독증은 신체 마비를 일으키고, 심할 경우 호흡곤란 등의 증상에 의해 사망에 이르게 할 수도 있습니다. 아동 및 성인은 이 균의 증식을 예방할 수 있는 면역력이 있어 위험하지 않지만, 돌 전 아이의 경우에는 소화 기능이 미숙하고, 장내 환경이 완성되지 않아 매우 위험합니다. 그리고 보툴리누스균은 열에 강해 조리를 해도 사멸시키기 어려우므로 돌 전 아이의 이유식에는 꿀 사용을 절대 금합니다.

이유식과 수유 병행하기

이유식을 잘 먹는 아이는 많지 않습니다. 그리고 아이가 이유식을 잘 먹는다고 해도 월령별로 사용 가능한 식재료가 제한되어 있기 때문에 처음부터 모든 영양을 이유식만으로 섭취하기는 어렵습니다. 또한 모유를 먹는 아이라면 단백질, 탄수화물, 지방, 무기질, 비타민 등과 같은 영양 외에도 정서적인 교감이라는 영양도 먹어야 하기 때문에 가능하다면 수유를 병행하면 좋겠습니다. 단, 수유의 비중을 점점 줄이고, 이유식의 비중을 점점 늘려 아이가 이유식을 잘 먹고, 이유식만으로도 영양 섭취가 충분할 수 있도록 해 주어야 합니다.

[월령별 사용 가능한 식재료]

	준비기 (4~5개월)	초기 (6~7개월)	중기 (8~9개월)	후기 (10~11개월)	완료기 (12~24개월)
곡류	쌀, 찹쌀	쌀, 찹쌀	쌀, 찹쌀, 감자, 고구마	쌀, 찹쌀, 감자, 고구마	쌀, 찹쌀, 감자, 고구마
채소류	–	단호박, 무, 애호박, 양배추, 오이, 당근, 시금치, 브로콜리, 청경채, 콜리플라워 7개월부터 미역, 짜지 않은 김	단호박, 무, 애호박, 양배추, 오이, 당근, 시금치, 브로콜리, 청경채, 콜리플라워, 미역, 짜지 않은 김	단호박, 무, 애호박, 양배추, 오이, 당근, 시금치, 브로콜리, 청경채, 콜리플라워, 미역, 짜지 않은 김, 버섯류	단호박, 무, 애호박, 양배추, 오이, 당근, 시금치, 브로콜리, 청경채, 콜리플라워, 미역, 짜지 않은 김, 버섯류
과일류	–	사과, 배, 수박, 바나나	사과, 배, 수박, 바나나	사과, 배, 수박, 바나나, 포도	사과, 배, 수박, 바나나, 포도, 오렌지, 귤, 딸기, 토마토
어육류	–	쇠고기, 닭고기, 달걀노른자, 흰살생선 7개월부터 두부, 완두콩, 강낭콩	쇠고기, 닭고기, 달걀노른자, 흰살생선, 두부, 완두콩, 강낭콩	쇠고기, 닭고기, 달걀노른자, 흰살생선, 두부, 콩류 알레르기 없으면 새우, 게살	쇠고기, 돼지고기, 닭고기, 달걀, 흰살생선, 등푸른생선, 두부, 콩류, 새우, 게살
우유류	모유, 분유	모유, 분유	모유, 분유 9개월 이후 짜지 않은 치즈, 플레인 요구르트	모유, 분유, 짜지 않은 치즈, 플레인 요구르트	모유, 생우유, 짜지 않은 치즈, 플레인 요구르트
유지류	–	–	9개월 이후 소량의 참기름	소량의 참기름	소량의 참기름

이유식을 시작했는데, 혹시 영양이 부족할까 봐 생우유를 먹이려고 합니다. 생우유는 언제부터 먹일 수 있나요?

 생우유는 조금 천천히 먹여 주세요.

✅ **돌 지나서 먹입니다.**

돌 전에 생우유를 먹이면 소화 흡수가 어려워 구토와 설사를 할 가능성이 있습니다. 그리고 심할 경우에는 장출혈을 일으킬 수 있으므로 돌 이후에 먹이는 것이 안전합니다.

✅ **다른 영양 보충제를 먹입니다.**

생우유 외에도 아이 월령에 맞는 두유나 조제유 등이 있고 영양제도 있으니 이를 활용해 보면 좋겠습니다.

이유식은 먹는 양만큼
먹는 태도도 중요해요.

먹는 태도가 좋다면 앞으로 밥을 더 잘 먹을 수 있습니다.

이유식을 시작할 무렵 부모라면 누구나 예쁜 그릇에 직접 만든 이유식을 담고, 앙증맞은 숟가락으로 한 입씩 떠먹이면 아이가 작은 입을 오물거리며 꿀꺽하고는 더 달라고 입맛을 다시는 모습을 상상합니다. 그러나 현실은 부모가 한 입만 더 먹자고 애걸복걸하고, 기껏 열심히 만든 이유식을 아이가 혀로 밀어내 옷이 다 먹어 버리기 일쑤이지요. 아이가 잘 안 먹으면 '이유식이 맛이 없나?'라는 생각이 들고, '아직은 이유식을 먹일 때가 아닌가?'하는 고민에 빠져 먹이다 말다 할 때도 있습니다. 이제 막 먹기 위한 준비를 시작한 아이이기 때문에 당연히 많이 먹지 못하고, 제대로 먹지도 못합니다. 이유식은 밥을 먹기 위한 준비를 하는 것이므로 많이 먹는 것도 중요하겠지만, 제대로 먹는 태도를 배우는 것도 중요합니다. 먹는 태도가 좋다면 앞으로 밥을 더 잘 먹을 수 있습니다.

정해진 곳에 앉아서 먹이기

밥은 식탁이나 밥상에 앉아서 먹는 것입니다. 그런데 아이는 이유식을 처음 시작하다 보니 정해진 자리가 없을 때가 있습니다. 소파에서도 먹고, 식탁 아기 의자에서도 먹고, 가끔은 돌아다니며 한 숟갈씩 받아먹기도 합니다. 모든 것이 처음인 아이는 처음에 어떻게 하느냐에 따라 앞으로의 행동이 달라집니다. 그래서 처음부터 이유식을 먹는 자리를 정해 놓고 그 자리에 앉아서 먹도록 하는 것이 중요합니다. 늘 같은 자리에서 먹게 되면 그 자리에 앉기만 해도 아이가 이유식을 먹는다는 것을 인지하고 이유식을 먹을 마음의 준비를 하게 됩니다.

숟가락으로 먹이기

죽의 형태로 이유식을 먹일 때는 당연히 숟가락으로 먹이겠지만, 준비기나 초기에 미음의 형태로 먹이는 이유식의 경우에는 젖병으로 먹일 때가 있습니다. 먹는 양과 내용물이 수유와 비슷하다고는 하지만 엄연히 이유식은 밥을 먹는 연습을 하는 것입니다. 따라서 밥을 먹을 때 사용하는 도구인 숟가락에 적응하고 사용하는 것을 연습해야 하므로 이유식은 마땅히 숟가락으로 먹여야 합니다.

이유식을 먹이려고 하면 아이는 숟가락에 관심을 보이기 시작합니다. 숟가락을 잡다가 놓치기도 하고, 이유식에 담가 보기도 하며, 이유식을 떠먹으려 하기도 합니다. 당연히 먹는 것보다 흘리는 게 더 많습니다. 그래서 턱받이를 하지만, 감당이 안 될 때가 있습니다. 아이가 이유식을 먹다가 흘릴 경우 너무 깔끔한 성격의 부모라면 흘릴 때마다 닦아주거나, 아예 흘리지 못하도록 숟가락을 주지 않는 경우도 있습니다. 이렇게 되면 아이가 깔끔함에 익숙해져 커갈수록 더욱 까다롭게 행동할 수 있고, 숟가락 사용 방법을 익힐 기회를 뺏겨 오랫동안 숟가락 사용이 서툴 수 있습니다. 아이가 이유식을 흘릴 때에는 '지금 숟가락을 사용하려고 연습하고 있어. 내년에는 잘 할거야.'라고 생각하며 이해해야 하고, 아이에게 숟가락 사용의 기회를 주어야 숟가락을 제대로 사용하며 밥을 먹을 수 있게 됩니다.

느긋하게 먹이기

아이에게 이유식을 먹이는 건 참으로 많은 인내심을 요구하는 일입니다. 아이는 원래부터 속도가 느리고, 잘 먹지도 않습니다. 하지만 부모는 먹이기 위해 노력을 하게 되는데, 특히 성격이 급한 부모일 경우에는 이유식을 먹일 때마다 심한 스트레스를 받기도 합니다. 스트레스를 받으면 상황을 왜곡해서 이해하게 되는데, 가장 많이 하는 오해는 '먹기 싫은 거지. 날 힘들게 하려고 이러는 거지.'라고 생각하는 것입니다. 아이는 아직 먹는 것에 익숙하지 않고, 먹는 것에 대한 호기심이 부족할 수 있습니다. 또한 필요성은 더더욱 알지 못하지요. 그래서 아이의 마음을 오해하지 않고, 잘 먹이기 위해서는 부모가 마음을 내려놓고, 느긋하게 먹일 준비가 되어 있어야 합니다. 그리고 이런 느긋한 마음의 준비 외에 넉넉한 시간도 필요합니다. 시간에 쫓겨 급하게 먹이다 보면 아이를 울리는 일이 생기기 때문입니다. 마음도 시간도 넉넉하게 준비하고, 느긋하게 먹여 아이가 먹는 것을 즐겁고 행복한 것이라고 느끼도록 해 주어야 합니다.

영상 보여주며 먹이기 금지

이유식을 조금이라도 더 먹이기 위해 노력하는 부모의 양육행동 중에 재밌는 영상 보여주기가 있습니다. 분명 영상을 보여주며 이유식을 먹이면 아이가 잘 먹기는 합니다. 그런데 10살이 되어도 영상이 없으면 밥을 안 먹는다고 생각해 보세요. 생각만 해도 가슴이 답답하지요? 영상을 보여주며 이유식을 먹일 경우 아이는 이유식에 집중하고 맛을 느끼기보다는 영상에 빠져들어 입에 들어오는 음식을 무의식 중에 씹어 삼키게 됩니다. 따라서 제대로 된 식습관 형성이 어렵습니다. 처음에는 좀 어렵고 힘들더라도 아이에게 제대로 먹는 태도를 가르쳐주면 나중에 훨씬 잘 먹게 되므로, 영상에 집중하는 것이 아니라 이유식에 집중해서 먹도록 해야 합니다.

함께 먹기

아이에게 먼저 이유식을 먹인 후 부모가 밥을 먹는 경우가 많습니다. 하루 종일 아이를 돌보느라 힘들었으니, 밥이라도 좀 편하게 먹고 싶은 부모의 심정이 이해가 되지만, 좋은 방법은 아닙니다. 왜냐하면 부모가 밥을 맛있게 잘 먹는 모습을 아이가 볼 수 없어 제대로 먹는 방법을 익히기 어렵고, 부모가 밥을 먹기 위해서는 아이가 이유식을 다 먹어야 하므로 아이에게 자꾸만 빨리 먹으라고 재촉을 하게 되기 때문입니다. 그리고 음식을 함께 먹는 것이 단순히 먹는 방법을 배우는 것 외에도 대화를 주고받으며 즐겁게 먹는 것임을 보여주어 식사가 해결해야 하는 과제가 아니라 즐거운 것임을 알려줘야 합니다. 이런 과정을 통해 아이가 더 맛있게 잘 먹을 수 있으므로 가족이 모여 함께 먹으면 좋겠습니다.

아플 때는 먹을 수 있는 만큼만 먹이기

아이가 열이 나거나, 설사를 하는 동안에는 입맛이 없고, 소화도 어려워 더욱 이유식을 안 먹으려고 합니다. 잘 먹어야 잘 나으니 이유식을 포기하기 힘든 것이 부모의 마음이지만, 아프고 보채는 아이가 더 힘드니 아플 때에는 아이가 먹을 수 있는 만큼만 먹이도록 하겠습니다. 그리고 아이가 아플 때에는 탈수 증상이 있을 수 있으므로 수분 섭취를 잘 할 수 있도록 더욱 신경을 써야 합니다.

먹기 전후에 손과 입 닦기

이유식은 밥을 먹기 위한 연습을 하는 것이니, 먹는 것 만큼이나 중요한 것이 먹기 전후의 준비와 마무리 행동을 배우는 것입니다. 이유식을 먹이기 전에 "손 씻고 먹자."라고 말하며 손을 씻긴 후 이유식 자리에 앉힙니다. 다 먹은 후에는 "다 먹었으니 입 닦자."라고 말하며 입을 닦아줍니다. 분명 손에도 이유식이 묻어있을 테니 자연스럽게 손도 한 번 더 닦아줍니다. 그리고 주변에 떨어져 있는 이유식과 식기를 잘 정리하는 모습도 보여줍니다. 매일 하는 행동은 아이도 모르는 사이 습관이 되고, 나중에는 혼자서도 식사를 할 때 해야 하는 위생에 관한 행동을 잘하게 됩니다.

이유식을 느긋하게 먹이고 싶지만, 안 먹는 아이를 보면 화가 나고, 먹으라고 재촉하게 됩니다. 이유식을 먹이는 시간이 되면 머리가 아파옵니다. 어쩌죠?

 정성껏 만든 이유식인데 맛있게 먹어주면 좋으련만 그게 그렇게 어려운가 봅니다.

✓ 기대치를 낮춥니다.

이유식을 먹일 때 화가 나는 이유는 '다 먹이고 싶다. 조금이라도 더 먹이고 싶다.'라는 부모의 기대치가 충족되지 않았기 때문입니다. 아이가 부모의 마음을 알고 이유식을 먹어 줄 날은 멀었고, 그렇다고 계속 싸울 수는 없지요. 이 상황을 이해하는 부모가 기대치를 낮추도록 하겠습니다. 아이가 평소 한 번에 먹을 양을 파악하고 그만큼만 먹이도록 해 보겠습니다.

✓ 즐거운 상호작용 시간으로 만듭니다.

이유식만 잘 먹이려 하면 이유식 먹이는 시간이 부모에게는 힘든 시간이 되지만, 같이 밥을 먹는 시간이라고 생각하면 조금 더 여유를 가질 수 있습니다. 많이 먹이기보다는 즐겁게 함께 먹기에 중점을 두어 식사 시간을 즐거운 상호작용 시간으로 만들어 주세요. 마음이 즐거워지면 아이도 분명 이유식을 더 잘 먹을 수 있을 것입니다.

미음으로 이유식을
시작해요.

이 시기는 이유식으로 영양을 보충하기보다는 아이가 숟가락으로 새로운 것을 먹어보는 경험이 중요합니다.

 4~5개월부터는 이유식을 할 준비를 하는 '이유식 준비기'입니다. 이 시기는 이유식으로 영양을 보충하기보다는 아이가 숟가락으로 새로운 것을 먹어보는 경험이 중요합니다. 그래서 먹는 양을 정해 놓고, '꼭 먹여야겠다.'라고 생각할 필요는 없습니다. 새로운 음식을 먹는 것과 숟가락을 사용하는 것이 신기하고 재밌는 일이라고 생각할 수 있도록 재밌게 먹이는 것이 중요합니다.

 준비기에는 보통 쌀미음을 먹입니다. 쌀을 먹이는 이유는 알레르기 반응으로부터 가장 안전하기 때문입니다. 하루에 한 번 맛보기 정도로 이유식을 먹이기 때문에 당연히 먹는 양이 매우 적으므로, 이유식을 먹인 후 바로 수유를 해 배가 고프지 않도록 해주어야 합니다. 또한 이 시기의 아이는 숟가락 사용이 어색하고, 혀를 구부리지 못하고 앞뒤로만 움직일 수 있어 숟가락으로 떠먹여 주는 이유식을 먹기가 쉽지는 않습니다. 아이가 이유식을 혀로 밀어내는 것은 반사적인 행동이고, 이유식에 적응하는 과정이므로 이유식을 거부한다고 고민하거나 화를 낼 필요는 없습니다. 아이가 천천히 익숙해지도록 시간을 주면 됩니다.

쌀미음을 만들었는데, 너무 맛이 없어요. 맛이 없어서 아이가 안 먹는 걸까요?

 맛있으면 좋겠지만, 꼭 맛있을 필요가 없는 시기예요.

✅ 이유식을 먹을 준비를 하는 시기입니다.

지금은 이유식을 먹을 준비를 하는 단계라 아무리 맛있어도 아이가 많이 먹지 않습니다. 익숙하지 않으니까요. 걱정하지 말고 조금씩 먹여보도록 하겠습니다.

✅ 소금 간을 하지 않습니다.

맛이 없다고 느낄 때 가끔 소금을 한두 톨 넣는 경우가 있는데, 아이의 몸이 염분을 처리할 수 있는 준비가 안 되었으니 절대로 넣지 않습니다. 어른의 입맛에만 싱겁고 맛이 없을 뿐입니다.

초기 이유식으로
묽은 죽을 먹어요.

하루가 다르게 성장하고 있어 이제는 정말로 영양 보충이 필요한 시기입니다.

6~7개월부터는 묽은 죽의 형태로 이유식을 먹는 '이유식 초기'입니다. 아이는 태어날 때 엄마로부터 철분을 받아 태어나는데, 6개월 정도가 되면 모두 소진됩니다. 그리고 하루가 다르게 성장하고 있어 이제는 정말로 영양 보충이 필요한 시기입니다. 그래서 초기 이유식부터는 영양을 챙겨야 하는데, 특히 빈혈 예방을 위해 철분 섭취에 신경을 써야 합니다. 철분은 채소에도 있지만, 붉은 살코기, 달걀노른자와 같은 육류를 통해 섭취할 때 체내 흡수율이 높습니다. 특히 쇠고기는 알레르기 발생 위험이 비교적 낮은 것으로 알려져 이유식에 많이 사용합니다.

이 시기는 이가 하나씩 나기 시작하지만, 음식을 씹을 수 있는 정도는 아니기 때문에 묽은 죽의 형태로 먹어야 하고, 곡류와 으깬 채소, 곱게 다진 생선, 고기 같이 아이가 혀와 잇몸으로 으깨서 먹을 수 있는 식재료를 사용할 수 있습니다. 그리고 아이가 이유식을 손으로 만져 보려 하고, 입으로 가져가 먹어 보려는 행동을 하기 시작하고, 어른의 음식에 더욱 관심을 가집니다. 따라서 아이가 어른이 먹는 뜨겁거나 매운 음식을 만지거나, 먹지 않도록 조심해야 합니다.

이유식 초기에는 이유식을 하루에 1~2회 정도 먹이고, 수유를 계속해야 합니다. 아이마다 한 번에 먹는 양이 다르므로 아이가 기분 좋게 잘 먹는 양을 관찰해 먹이는 양을 정하는 것이 좋습니다.

이유식과 수유만으로 영양을 다 채울 수 있을까요? 철분제 같은 영양제를 먹여도 되나요?

 영양이 부족하지는 않은지 걱정이 되지요.

☑ 전문의와 상담을 꼭 합니다.

아이가 먹을 수 있는 영양제가 있습니다. 단, 임의대로 먹이는 것이 아니라 전문의와 상담 후 결정해야 합니다. 아이마다 개인적인 특징으로 인해 영양제의 효과가 다를 수 있고, 특히 먹으면 안 되는 영양제가 있을 수 있기 때문입니다.

☑ 영양제보다 밥이 중요합니다.

밥을 통해 영양을 공급받는 게 가장 좋습니다. 영양제는 보조 수단으로 사용하고, 지금부터는 이유식을 좀 더 잘 먹도록 노력해 보겠습니다.

중기 이유식으로
된 죽을 먹어요.

이와 잇몸을 이용해 음식을 으깨어 먹을 수 있어 먹는 것이 조금 더 수월해집니다.

8~9개월부터는 된 죽의 형태로 이유식을 먹는 '이유식 중기'로 점점 이유식의 비중을 늘려나가는 단계입니다. 이 시기의 아이는 위아래 앞니 8개 정도를 가지고 있고, 이와 잇몸을 이용해 음식을 으깨어 먹을 수 있어 먹는 것이 조금 더 수월해집니다. 그러나 아이가 이유식을 잘 먹지 않고, 수유를 원할 때도 있으므로 부모가 아이를 잘 달래며 수유보다는 이유식의 비중을 늘리기 위해 노력해야 합니다.

중기에는 그동안 먹었던 곡류, 고기, 생선, 달걀노른자, 채소, 과일과 함께 치즈와 같은 유제품도 먹일 수 있어 조금 더 다양한 식재료를 사용할 수 있게 됩니다. 그러나 아이마다 먹을수 있는 식재료와 좋아하거나 싫어하는 식재료가 있으니 잘 살펴본 후 이유식에 활용해야 합니다.

그리고 또 하나의 획기적인 발달은 이 시기의 아이는 컵을 들고 마시는 것을 연습해도 된다는 것입니다. 이제 힘들었던 젖병 소독과 헤어질 때가 되었습니다. 아이가 쥐는 힘이 생겨 컵을 쥘 수는 있지만, 아직 조절 능력이 미숙해 컵으로 마실 경우 마시는 것보다 쏟는 것이 더많습니다. 이 또한 부모에게는 스트레스가 될 수 있습니다. 그래서 처음에는 뚜껑이 덮인 채로 빨대가 있거나, 마시는 부분이 살짝 돌출돼있는 컵이 좋습니다. 당연히 가벼워야 하고, 손잡이가 있으면 더욱 편하게 사용할 수 있습니다. 또한, 컵에 물을 1/2 이하로 채워 무겁지 않아야 아이가 잘 기울여 마실 수 있습니다.

컵을 주었는데, 아이가 자기 옷에 물을 쏟았습니다. 물에 젖은 옷이 불편한지 아이가 많이 울었습니다. 그래도 컵으로 연습을 해야겠지요?

 컵을 잘 사용하도록 연습을 시키면 됩니다.

✅ **아이를 안정시킵니다.**

옷에 물을 쏟을 경우 불편할 수 있습니다. 이럴 때에는 먼저 "물 쏟아서 싫구나. 축축해."라고 감정을 읽어주어 안정을 시킵니다. 그리고 물을 닦거나 옷을 갈아입히면 됩니다.

✅ **같이 연습을 합니다.**

당연히 처음에는 실수가 많습니다. 물을 쏟을 때마다 부모가 인상을 찌푸리거나, 화를 내면 아이는 더욱 위축되어 실수를 한 후 더 많이 울게 됩니다. 야단치기보다는 제대로 컵을 사용하는 방법을 알려주는 것이 효과적입니다. 손을 잡고 같이 연습해 주세요.

후기부터는 이유식이
주식이 돼요.

이제부터는 어른과 같이 하루 3회 규칙적으로 이유식을 먹고, 먹는 양도 서서히 늘어납니다.

10~11개월부터는 보충식이던 이유식이 주식이 되는 시기로 진밥의 형태로 이유식을 먹는 '이유식 후기'입니다. 몇 가지 재료가 섞여 있는 진밥도 좋고, 진밥에 부드러운 반찬을 따로 주어도 좋습니다. 이제부터는 어른과 같이 하루 3회 규칙적으로 이유식을 먹고, 먹는 양도 서서히 늘어납니다. 그리고 이 시기부터는 다양한 음식 경험을 통해 편식을 하지 않도록 지도하는 것이 중요합니다. 그러나 생각만큼 잘 먹지 않으니 서두르지 말고 느긋하게 음식을 경험할 수 있도록 해 주어야 합니다. 모유를 먹었던 아이라면 이유식을 잘 먹더라도 모유를 중단하지 않아도 됩니다.

이 시기는 숟가락으로 노는 것이 아니라 숟가락으로 밥을 떠먹는 연습을 할 수 있고, 포크와 컵도 사용할 수 있습니다. 그러나 아이마다 관심도에 차이가 있으므로 억지로 하기보다는 숟가락이나 포크, 컵에 관심을 보일 때 놀잇감처럼 사용해 보도록 한 후 사용법을 알려주면 됩니다. 말로 하는 설명은 아이에게 전달이 어려우니 말과 함께 행동으로 보여주고, 손을 잡고 연습하는 과정이 필요합니다. 숟가락을 처음 사용할 때에는 부모가 숟가락을 든 아이의 손을 잡고 밥을 뜰 때의 각도와 힘을 주는 정도를 느끼게 해 줍니다. 포크도 손을 잡고 힘을 주어 음식에 꽂는 것을 알려주어야 합니다. 특히 포크는 영유아용이라고 해도 끝이 뾰족해 아이가 팔을 흔들다 자신의 몸을 찌를 수 있으니 주의해야 합니다. 그리고 컵을 사용할 때에는 두 손으로 컵을 잡고 적당히 기울이는 것을 익히도록 해 주어야 합니다. 물을 좋아하는 아이는 일부러 물을 쏟은 후 손으로 첨벙거리며 노는 일이 생길 수 있습니다. 그 모습이 황당하기도 하지만 귀엽기도 해 웃으며 지켜보는 부모가 많은데, 이럴 경우 아이는 자신의 행동을 좋은 것으로 생각해 반복하게 됩니다. 처음에는 귀엽겠지만 장난이 반복되면 부모가 화를 내게 되고, 아이는 갑자기 달라진 부모의 반응에 놀라겠지요. 귀엽더라도 안 되는 건 처음부터 안 된다고 단호하게 말해주어야 합니다.

쌤에게 물어봐요!

 아이가 어른들의 밥에 관심을 보이는데, 먹으려고 하는 것이 아니라 만지고 놀려고 합니다. 어쩌죠?

 호기심이 많은 시기입니다. 식사 예절을 가르치면 됩니다.

✅ 식사 예절을 가르칩니다.

"이건 엄마 아빠 거야. 손으로 만지면 안 돼."라고 가르쳐 주세요. 지금은 이해도 안 되고, 행동이 바로 고쳐지지도 않겠지만, 시간이 지나면 양육의 효과가 나타난답니다.

✅ 뜨거운 음식을 조심해야 합니다.

아이가 호기심에 음식을 만졌다가 뜨거운 음식에 화상을 입는 경우가 있습니다. 아이는 위험에 대해 인지하지 못하니 부모가 늘 곁에서 살펴야 합니다. 그런데 가끔 경험을 통해 배우는 게 좋다고 아이에게 뜨거운 음식을 손으로 만져보게 하는 경우가 있는데, 절대로 안 됩니다.

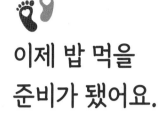

이제 밥 먹을
준비가 됐어요.

아이가 혀를 능숙하게 움직일 수 있고, 어금니가 나오는 시기라 씹고 삼키는 것을 제법 잘합니다.

12개월~24개월은 어른과 동일하게 밥을 먹을 수 있는 '이유식 완료기'입니다. 아이가 혀를 능숙하게 움직일 수 있고, 어금니가 나오는 시기라 씹고 삼키는 것을 제법 잘합니다. 그러나 씹고 삼키는 것이 완전하지는 않으므로 식재료를 작은 조각으로 잘라 먹어야 하고, 포도와 같이 삼켰을 때 목에 걸려 질식의 위험이 있는 것은 언제나 주의하며 먹는 동안 잘 살펴보아야 합니다.

이 시기는 달고, 맵고, 짠 자극적인 음식, 견과류, 질긴 음식 등을 제외하면 거의 대부분의 식재료를 먹을 수 있습니다. 그래서 특별히 아이를 위한 식사를 따로 만들기보다는 어른들의 음식을 만들 때 간을 하기 전 미리 아이가 먹을 만큼의 음식을 덜어 놓았다가 먹여도 좋습니다. 그리고 먹기 편하라고 국에 밥을 말아서 먹이는 경우가 있는데, 이럴 경우 침 속의 소화효소가 묽어져 소화에 어려움이 있고, 씹지 않고 넘겨 씹기 연습에도 도움이 안 됩니다. 따라서 밥과 국은 따로 떠서 먹이는 것이 좋습니다. 또한 어른과 동일하게 밥, 국, 반찬으로 하루 3끼를 먹고, 간식은 1~2회 정도로 규칙적으로 먹여 좋은 식습관을 형성해야 합니다. 특히 젖병 사용을 중지하고, 컵으로 먹도록 하고, 모유는 계속 먹여도 되나 식사에 방해가 되지 않도록 주의해야 합니다.

젖병 떼기

젖병은 12개월 정도에 떼는 것이 좋으나, 어렵다면 늦어도 18개월 정도에는 떼는 것이 좋습니다. 젖병에 익숙한 아이는 마시는 것을 좋아하고, 씹는 것을 싫어해 밥을 먹어야 하는 시기에 밥을 잘 먹으려 하지 않거나, 먹더라도 꿀꺽 삼키는 경우가 많아 소화에 부담이 되고 영양결핍을 유발할 수 있습니다.

그렇다고 해서 갑자기 젖병을 뗄 수는 없지요. 아이에게 언제까지 젖병을 사용하는지 알려주고, 일주일 전부터 매일 마지막 사용 날을 알려줍니다. 그리고 마지막 날 아이가 젖병에게 "안녕"이라고 말을 하도록 도와줍니다. 그런 후 아이가 젖병을 다시 달라고 할 때에는 "젖병 안녕했어. 이제 컵으로 마실거야."라고 말하고, 말한 대로 잘 실천합니다.

쌤에게 물어봐요!

 아이가 밥만 먹으려고 합니다. 반찬을 주면 뱉어 버립니다. 어쩌죠?

 맛있게 준비한 반찬도 잘 먹어야 하는데 안타깝습니다.

✅ **아이의 입맛을 인정해 주세요.**

반찬 없이 밥만 먹으면 맛이 없을 것 같지만 의외로 밥만 좋아하는 아이들이 많습니다. 오래 씹을 수록 은근한 단맛이 나거든요. 그리고 반찬은 씹기가 어려운데 밥은 부드러워 아이들이 좋아합니다. 밥만 먹는 것은 아이들에게 흔히 나타나는 일이니, 일단 아이를 인정해 주도록 하겠습니다.

✅ **반찬을 먹는 경험을 하게 해 주세요.**

경험만이 아이가 음식에 익숙해지는 방법입니다. 아이가 좋아하는 질감이나 맛을 찾아서 좋아하는 것부터 먹이고 싫어하는 것은 작게 잘라서 조금씩 먹이며 적응하는 시간을 가져 주세요. 재밌는 놀이를 하듯이 먹이는 것을 추천합니다. 절대로 잘 먹지 않으니 인내심을 가지고 천천히 하도록 하겠습니다.

하나 잘 먹기

유아식

- 식습관 형성이 중요해요.
- 3번의 식사와 2번의 간식을 먹어요.
- 높은 자신감과 자율성으로 숟가락을 좋아해요.

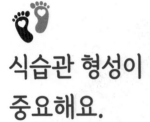

식습관 형성이
중요해요.

아이의 모든 습관은 처음에 어떻게 하느냐에 따라 달라지므로 처음부터 잘 가르쳐야 합니다.

두 돌 정도가 되면 이제 진짜로 식사를 제대로 하는 '유아식 시기'입니다. 부모는 아이가 당장 한 숟갈이라도 더 먹기를 바라지만, 그보다 더 중요하고 시급한 것은 올바른 식습관 형성입니다. 억지로 먹이는 건 한계가 있지만 스스로 먹고 싶은 욕구가 있고, 먹고 싶은 것이 있다면 먹으라고 하지 않아도 스스로 잘 먹을 수 있습니다. 흔히 좋은 식습관이라고 하면 골고루 잘 먹는 것으로 생각하는데, 이는 식사를 할 때의 행동에 국한된 것입니다. 식습관은 식생활습관으로 식사 행동뿐만 아니라 식사할 때의 위생상태와 예절, 편식하지 않기 등을 의미합니다. 아이의 모든 습관은 처음에 어떻게 하느냐에 따라 달라지므로 처음부터 잘 가르쳐야 합니다.

식사 위생

식사를 한다는 것은 일정한 시간에 음식을 먹는 것을 의미합니다. 그리고 음식을 먹는 것 외에도, 음식을 먹기 전후에 해야 하는 준비와 마무리 과정까지 모두 식사에 포함됩니다. 식사 전후에 해야 하는 것이 바로 위생관리로, 음식을 먹기 전에 손 씻기, 흘리지 않고 먹기, 흘린 것 닦기, 다 먹은 후 입과 손 닦기, 이 닦기 등입니다. 음식을 먹기 전부터 먹은 후까지 모든 과정에서 '깨끗'이 중요합니다. 그래서 아이에게 식사 전후에 해야 하는 위생에 관한 행동을 잘 설명하고, 가르쳐주어야 하며, 행동으로 보여주어야 합니다. 아이가 자기 손과 입을 닦는 행동들을 하기 싫어하거나, 서툴 때도 있습니다. 연습하는 과정이니 야단을 치기보다는 습관이 될 때까지 잘 가르쳐주어야 합니다.

식사 위생 가르치기

1. 음식을 먹기 전에 "손 씻고 먹자."라고 말하고 손을 씻도록 도와줍니다.
2. 음식을 먹을 때 흘렸다면 "흘린거 닦자."라고 말하고 닦아주며 절대로 야단치지 않습니다.
3. 음식을 다 먹은 후에는 "입 닦고, 손 닦고, 아~ 잘하네. 이제 이도 닦자."라고 말하고 닦아줍니다.
4. 반복해서 습관이 되면 아이가 스스로 할 수 있습니다.

식사 예절

식사를 할 때에 지켜야 하는 예절이 있습니다. 혼자 먹을 때도 있지만, 여러 사람과 같이 먹을 때도 있기 때문입니다. 그리고 한 끼의 맛난 식사를 위해 먹거리를 생산하고, 기꺼이 요리를 해 준 사람들에 대한 감사가 필요하기 때문입니다. 식사를 할 때 가장 먼저 지켜야 하는 예절은 음식을 소중히 다루고, 감사한 마음을 가지는 것입니다. 그리고 바르게 앉아서 먹기, 다른 사람의 식사를 방해하지 않기 등이 있습니다. 또한 지금 당장은 못 하겠지만, 아이가 조금 더 자라면 자기가 먹은 식기를 정리하는 것도 식사 예절에 포함됩니다.

식사 예절 가르치기

1. 음식을 먹기 전에 부모가 먼저 "감사히 잘 먹겠습니다." 또는 "맛있게 먹자."라고 말하고 먹는 모습을 보여주세요. 아이가 부모의 말을 따라 하며 감사한 마음을 가지게 됩니다.
2. 아이가 먹는 중에 돌아다닌다면 "앉아서 먹는 거야. 앉자."라고 올바른 행동을 간단히 알려줍니다. 길고 긴 부연설명은 아이가 이해하기 어렵고, 부모의 화를 돋우는 말이 되므로 하지 않는 것이 좋습니다.
3. 부모의 음식을 만지려고 한다면 "이건 엄마 아빠 거야. 만지면 안 돼."라고 단호하게 이야기해 주고, 아이의 손이 닿지 않는 곳으로 음식을 옮깁니다. 안 된다는 말은 했지만 음식을 옮기는 행동을 하지 않으면 아이는 계속 음식을 만지려 할 수 있습니다.
4. 음식을 다 먹은 후에는 "잘 먹었습니다."라고 말하며 아이가 자연스럽게 식사 마무리 인사를 배울 수 있도록 해 줍니다.

식사 행동

식사 행동은 음식을 먹는 행동 자체를 말합니다. 식사를 할 때 중요한 것은 적당한 양을 먹는 것입니다. 아이는 많이 먹어서 문제라기보다는 늘 적게 먹어서 문제가 되지요. 아이마다 적당량은 모두 다르니 다른 아이와 비교하기보다는 그동안 아이가 먹은 양들을 비교해 적당량을 알아내는 것이 좋습니다. 또한 아이의 컨디션에 따라 먹는 양을 조절해 주어야 합니다. 적당량의 식사를 위해서 간식을 과하지 않게 먹이는 것도 중요합니다.

먹는 양만큼이나 또 부모의 애를 태우는 것이 먹는 속도입니다. 음식을 씹기만 하고 삼키지 않는 아이도 있고, 씹지도 않고 물고만 있는 아이도 있습니다. 이러면 자연스럽게 식사 시간이 길어질 수밖에 없습니다. 이럴 경우에는 식사 시간을 30~40분 정도로 정하고, 그 시간 동안 먹지 않으면 먹기 싫은 것이므로 억지로 먹이기보다는 밥을 정리하는 것이 좋습니다. 이때 부모가 화를 내며 정리하면, 아이가 더 먹겠다고 울고 떼를 쓸 때도 있습니다. 이는 아이가 밥을 더 먹고 싶다기보다는 부모가 화를 내는 것이 무서워 더 먹겠다고 하는 것일 뿐입니다. 당연히 아이에게 밥을 다시 주어도 먹지 않아 부모를 더 화나게 만듭니다. 적당한 시점에서 밥을 정리해 부모와 아이가 밥 때문에 마음 상하는 일이 최소화되도록 해 주세요.

식사행동 가르치기

1. 아이가 음식을 씹지 않고 있을 때에는 부모가 씹고 삼키는 것을 보여줍니다.
2. 아이에게 놀이처럼 접근하는 것이 제일 좋으니 "냠냠냠. 꿀꺽."이라고 재밌게 말을 해 주는 것이 좋습니다.
3. 아이가 잘 삼키면 칭찬을 꼭 해 줍니다.
4. 아이가 먹기 싫어한다면 "오늘 먹을 만큼 다 먹었구나. 남은 건 그만 먹자."라고 먹은 것에 대해 인정해 주고, 밥을 정리합니다.
5. 다음 식사를 위해 간식의 양을 잘 조절합니다.

편식 지도

건강의 기본은 음식을 골고루 먹는 것입니다. 그런데 아직 다양한 음식을 즐기기에는 아이의 경험이 부족해 먹을 수 있는 것이 매우 한정적입니다. 처음 보는 음식에 대한 두려움이 있는 것이 당연하겠지요? 편식을 하지 않도록 하기 위해서는 먹어봤던 음식을 골고루 먹는 것과 새로운 음식을 먹어보는 것이 중요합니다. 먹어봤던 음식은 검증을 거쳤으니 편안하게 먹을 수 있지만, 새로운 음식에 도전하기 위해서는 분명 용기가 필요합니다. 새로운 음식을 먹일 때에는 냄새를 맡게 해 주고, 색깔도 보여주며, 맛을 상상하게 합니다. 그리고 반드시 조금씩 양을 늘려가며 먹여야 합니다. 아이에게 처음부터 무턱대고 맛있다고 말하며 먹이려고 하면 아이가 맛을 보기도 전에 반감이 생겨 새로운 음식에 대한 도전이 어려워집니다. 더 나아가 부모가 '맛있다.'라고 하는 말을 믿지 않게 될지도 모릅니다.

편식지도하기

1. 동화책이나 어린이 요리 프로그램을 보며 "저거 맛있겠다."라고 말하며 음식에 대한 흥미를 유발하는 것도 좋습니다.
2. 아이가 음식을 뱉어내면 야단치기보다는 "이건 싫구나. 다음에 다시 먹어보자."라고 말하고 다음을 기약합니다.
3. 아이가 새로운 음식을 먹었다면 칭찬을 해 줍니다.

쌤에게 물어봐요!

아이에게 밥을 먹일 때, 영상을 보여주며 먹이고 있습니다. 이것이 안 좋다고 해서 고치고 싶은데, 벌써 습관이 된 것 같아요. 고칠 수 있을까요?

그럼요. 다시 습관을 만들어 주면 됩니다.

✅ **아이에게 영상을 보는 시간을 알려줍니다.**

아이가 밥을 먹으며 영상을 봤다면 아이는 분명 밥 먹는 시간을 영상을 보는 시간으로 알고 있을 것입니다. 이제부터는 밥을 먹는 시간과 영상을 보는 시간을 분리해 주면 됩니다. 영상을 못 보게 하는 것이 아니고, 다른 정해진 시간에 보는 것임을 알려주면 됩니다.

✅ **아이의 마음을 인정해 줍니다.**

부모가 아무리 설명을 잘해 준다고 해도, 아이는 영상을 보면서 밥을 먹겠다고 울며 떼를 쓰게 됩니다. 변화에 대해 적응을 할 때까지 아이의 불편한 마음을 인정해 주어야 합니다. 단, 행동은 단호하게 고쳐주어야 합니다. "영상 보고 싶구나. 밥 먹고 (언제) 보자."라고 말해주세요.

3번의 식사와
2번의 간식을 먹어요.

아이가 좋은 식사를 하기 위해서는 부모가 좋은 식사를 해야 합니다.

어른과 동일한 식사를 하는 시기로, 하루 3끼 식사를 하고, 간식을 먹습니다. 식사는 밥, 국, 반찬으로 구성하고, 곡물, 채소와 과일, 고기와 생선, 유제품 등을 골고루 먹여 영양적으로 균형을 이루도록 해 주어야 합니다. 또한 달고, 짜고, 매운 자극적인 음식과 인스턴트 음식은 가능하면 적게 먹는 것이 좋습니다. 자극적인 음식은 아이의 소화에 부담이 될 수 있고, 인스턴트 음식은 각종 첨가물로 인해 몸에 해로울 수 있기 때문입니다. 그리고 이 시기의 아이는 부모를 모방하려는 욕구가 많습니다. 따라서 아이가 좋은 식사를 하기 위해서는 부모가 좋은 식사를 해야 합니다.

간식은 밥을 먹는 것에 방해가 되지 않도록 먹이는 것이 중요합니다. 보통 오전에 한 번, 오후에 한 번 먹입니다. 아이는 몸에 비해 많은 에너지가 필요합니다. 하루 종일 놀아야 하고, 매일 자라고 있으니 당연히 에너지가 많이 필요하겠지요. 그러나 아이는 소화기관의 발달이 미숙해 한 번에 먹을 수 있는 양이 적습니다. 그래서 에너지 보충을 위해서 간식을 먹여야 합니다. 좋은 간식은 영양소가 풍부해야 하고, 다음 식사에 부담이 되지 않도록 지방함량이 적고, 소화가 잘되는 것이어야 합니다. 특히 잠을 자기 전 최소 2시간 정도는 공복을 유지해야 아이가 편하게 잘 수 있으므로 성장에 문제가 없다면 저녁을 먹은 후에는 간식을 되도록 먹이지 않는 것이 좋습니다. 아이에게 간식은 먹는 것 자체만으로도 휴식이 되고, 만족감을 느끼게 합니다. 건강하고 맛있는 간식을 먹여주세요.

아이가 자꾸만 사탕을 달라고 합니다. 계속 주면 안 될 것 같아서 무언가 잘했을 때만 주고 있습니다. 이렇게 해도 되나요?

 사탕 정말 맛있지요. 제대로 먹이는 방법을 알아보겠습니다.

✓ 하루에 먹는 사탕의 양을 정합니다.

아이에게 하루에 먹을 수 있는 사탕의 양을 정해서 알려주고, 정해진 양만큼만 먹이면 됩니다. 습관이 되면 더 달라고 하지 않습니다.

✓ 아이에게 언제 또 사탕을 먹을 수 있는지 알려줍니다.

하루치 사탕을 다 먹은 후 더 달라고 할 때 "안 돼."라고 말하면 울고불고 난리가 날 것입니다. 욕구를 거절당했으니까요. 이럴 때에는 "사탕은 내일 먹는 거야."라고 언제 먹을 수 있는지 알려주고, 기다리게 해 스스로 욕구를 조절하도록 도와주면 됩니다. 이 방법은 시간이 오래 걸리니 일관되게 잘해 주세요.

✓ 보상으로 주지 않습니다.

무언가 잘했을 때마다 사탕으로 보상을 해주면 아이는 자신의 모든 행동에 대해 더 다양하고, 많은 보상을 요구하게 됩니다. 그리고 보상이 없을 경우 아무것도 하지 않으려 하므로 사탕과 같은 물질 보상은 하지 않아야 합니다.

높은 자신감과 자율성으로
숟가락을 좋아해요.

가장 좋은 부모는 흘리는 것에 대해 관대하고, 밥을 스스로 먹으려는 노력에 칭찬과 격려를 아낌없이 해 줄 수 있는 부모입니다.

　두 돌된 아이가 가장 많이 하는 말은 "내가 할 거야. 내 거야."입니다. 그야말로 자신감이 하늘 높은 줄 모르고 올라가 있고, 스스로 하고자 하는 욕구가 정말 강합니다. 그렇기 때문에 그동안 부모와 함께 숟가락을 쥐고 먹는 연습을 했던 경험을 바탕으로 이제는 혼자 하겠다고, 부모에게 손을 놓으라고 하며 숟가락으로 밥을 먹다 흘리고, 포크로 반찬을 집다 다 쏟아도 정말 열심히 하려고 합니다. 그래서 이때 가장 좋은 부모는 흘리는 것에 대해 관대하고, 밥을 스스로 먹으려는 노력에 칭찬과 격려를 아낌없이 해 줄 수 있는 부모입니다. 반대로 가장 좋지 않은 부모는 흘릴까 봐, 쏟을까 봐 전전긍긍하고, 아이가 흘리면 짜증을 내고, 숟가락을 빼앗아 떠먹여 주는 부모입니다. 이럴 경우 아이는 밥을 먹을 때마다 실수에 대해 지적을 받게 되어 부모의 눈치를 보며 실수에 대해 예민하게 반응하게 됩니다. 그리고 숟가락을 사용하는 경험이 부족하니 앞으로도 실수를 많이 하게 되고, 숟가락을 사용하지 않으려 해 문제가 되기도 합니다. 아이가 호기심을 보일 때 호기심을 꺾지만 않아도 아이가 스스로 잘하게 되니 조금은 여유를 가지고 지켜보는 부모가 되어야 합니다. 식사 자리가 엉망이 되더라도, 아이가 혼자서 숟가락과 포크로 열심히 먹었다면 그것만으로도 칭찬을 해 주어야 합니다. 자신감과 자율성이 좋은 명품 아이는 일상의 작은 경험과 칭찬을 통해 만들어진답니다.

아이가 자꾸 어른들이 사용하는 젓가락을 달라고 합니다. 위험할 거 같아서 안 주려고 하는데, 못 하게 하는 건 아닌가 신경이 쓰입니다. 달라고 할 때 주어야 할까요?

 주어야 하나, 말아야 하나 고민이 되는군요.

✅ **위험한 물건은 주지 않아야 합니다.**

아이에게 어른용 젓가락은 길쭉하고 뾰족하기에 위험할 수 있습니다. 위험한 물건은 주지 않아야 합니다.

✅ **언제 젓가락을 사용할 수 있는지 알려줍니다.**

못 하게 하면 더 하고 싶어지지요? "안 줄 거야."라는 말보다는 "7살 되면 쓰게 될 거야. 그때 줄게."라고 젓가락을 사용할 수 있는 시기를 알려줍니다. 아이는 언제부터 사용하게 되는지 알게 되면 떼를 쓰지 않고 기다릴 수 있습니다.

둘 잘 싸기

대소변

- 태변과 가성생리를 해요.
- 대변의 색깔은 푸른색부터 황금색까지 다양해요.
- 대소변은 횟수보다 상태가 더 중요해요.

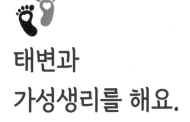

태변과
가성생리를 해요.

미리 알아두어 기저귀를 갈 때 놀라거나 걱정하지 않으면 좋겠습니다.

아이는 태어난 후 검고, 짙은 푸른색의 변을 봅니다. 이를 태변이라고 합니다. 태변은 태아의 장 내에서 태아의 상피세포와 솜털, 점액, 태지, 양수 등이 모여서 만들어진 끈적한 분비물로 70~80%는 수분입니다. 아이는 태어난 후 24시간 내에 태변을 보는데 2~3일 동안 계속 태변을 보는 아이도 있습니다. 먹은 것도 없는데 뭐 이렇게 변을 계속 볼까, 황금색 변이 좋다고 하는데 왜 푸른색이지 하고 걱정하지 않아도 됩니다.

태변은 남녀 아이 모두가 하는 데 반해 여자아이에게만 나타나는 분비물도 있습니다. 바로 질 분비물과 가성생리입니다. 질 분비물은 하얀 점액질로 냄새가 없고, 가성생리는 말 그대로 가짜 생리입니다. 이는 태내에서 엄마의 여성 호르몬인 에스트로겐이 태반을 통해 아이에게 전달되어 영향을 미쳤기 때문입니다. 보통 출생 후 일주일 전후에 일시적으로 나타나므로 걱정하지 않아도 됩니다. 혹 가성생리가 지속되거나, 질 분비물에서 냄새가 나면 건강에 문제가 있을 수 있으니 소아과 진료를 받아 볼 필요가 있습니다. 질 분비물이나 가성생리는 모든 여자아이에게서 나타나는 것은 아니며, 성장 후 생리에 영향을 미치지 않습니다. 미리 알아두어 기저귀를 갈 때 놀라거나 걱정하지 않으면 좋겠습니다.

첫 아이라 돌보는 게 정말 너무 조심스럽습니다. 아이에게 나타나는 모든 증상들이 사실은 걱정이 되기도 합니다. 이럴 때마다 병원에 가려고 하니 너무 예민하게 호들갑을 떠는 것 같기도 해서 망설여집니다. 어떡하죠?

 첫 아이라면 정말 조심스러울 수밖에 없지요.

✓ 아이의 증상에 대해 궁금할 때는 소아과 진료를 받아 봅니다.

아이는 어디가 아파도 울음 외에는 표현을 못 하지요. 당연히 부모가 잘 관찰하고 돌봐야 하는데, 부모도 부모가 처음이라 서툴 수 있습니다. 이럴 때에는 가만히 있기보다는 소아과를 방문해 진료를 받아 보는 것이 좋습니다. 대부분은 문제가 없겠지만, 혹시 모를 건강상의 문제가 있다면 조기 발견이 중요하니까요. 그리고 문제가 없는 경우라도 전문의로부터 아이 돌보는 것에 대해 배울 수 있는 좋은 기회가 됩니다.

✓ 영유아 건강검진과 예방접종을 잘 활용합니다.

영유아 건강검진과 예방접종을 하기 위해 주기적으로 소아과를 방문하지요. 이때 검진과 예방접종뿐만 아니라 아이에 대해 궁금한 것도 잘 상담받길 바랍니다. 상담을 잘 받기 위해서는 아이의 증상에 대해 관찰한 내용을 구체적으로 말해야 하므로 반드시 아이의 상태에 대해 메모해서 병원을 방문하는 것이 좋습니다.

✓ 아이에 대해 공부를 합니다.

부모는 아이를 잘 돌보기 위해서 전문가 못지않게 아이에 대해 잘 알고 있어야 합니다. 아이 발달에 관해 꼭 공부해 주세요. 지금처럼요.

대변의 색깔은
푸른색부터 황금색까지 다양해요.

대변이 처음부터 황금색인 것은 아닙니다.

아이의 대변 색깔은 황금색이 가장 좋다고 합니다. 그러나 사실 대변이 처음부터 황금색인 것은 아닙니다. 보통 모유를 먹는 아이는 푸른색과 황금색 중간 정도의 겨자색과 비슷한 시큼한 묽은 대변을 봅니다. 분유를 먹는 아이의 경우에는 모유를 먹는 아이보다 변이 조금 더 단단하고, 색깔이 짙을 수 있습니다.

아이의 대변이 푸른색을 많이 띠는 이유는 담즙이 섞여 나오기 때문입니다. 담즙은 소화를 돕기 위해 나오는 것인데, 대부분 소장과 대장을 거치면서 몸에 흡수가 됩니다. 이럴 경우에 대변이 황금색을 띠게 됩니다. 그러나 아이는 모유나 분유를 자주 먹고, 장운동이 빠르기 때문에 담즙이 몸에 흡수될 시간이 부족해 대변이 푸른색을 띠게 되는 것입니다. 따라서 아이가 한 번에 먹는 양이 많아지고, 소화하는 데 걸리는 시간이 길어지면 대변의 색깔도 점차 황금색을 띠게 됩니다. 그리고 황금색 대변은 담즙의 체내 흡수 여부 외에도 장내 정상 세균에 의해 영향을 받습니다. 그래서 황금색 대변을 볼 경우 장이 건강하다고 하는 것입니다.

대변의 색깔은 아이의 장 건강뿐만 아니라 전반적인 건강 상태를 알 수 있는 척도가 되기도 합니다. 건강에 이상이 의심되는 대변은 흰색 변, 붉은 변, 검은 변 등이 있습니다. 흰색 변은 체내 담즙에 문제가 있을 수 있고, 가끔은 영양 부족일 수 있습니다. 그리고 붉은 변은 항문 가까운 직장이나 대장 등에 출혈이 있거나, 세균성 장염일 가능성이 있으며, 검은 변일 경우에는 위나 십이지장 같은 소화기관에 출혈이 있을 수 있습니다. 그 외 다른 문제가 있을 수도 있으니 변의 색이 평소와 다르다면 소아과 진료를 받아 보는 것이 좋습니다.

가끔 아이의 대변에 쌀알 같은 알갱이가 섞여 있을 때도 있습니다. 이는 아직 소화력이 약해 소화되지 않은 유지방이 칼슘과 결합해 나타나는 것이므로, 소화력이 좋아지면 괜찮아지니 걱정하지 않아도 됩니다.

쌤에게 물어봐요!

 아이 대변에 문제가 생기면 대변을 직접 들고 소아과를 방문해야 하나요?

 대변을 들고 가려니 이상하고, 그냥 말로 설명하면 의료진이 못 알아들을 것 같고 난감하지요? 기저귀를 직접 들고 가도 되고, 다른 방법으로 대변을 의료진에게 보여주어도 됩니다.

✓ **대변 샘플을 준비합니다.**
의료진이 직접 대변을 보고 처방을 내리는 것이 가장 정확할 수 있으나 기저귀를 가져갈 수 없는 상황이라면 대변 샘플을 가져가는 것을 추천합니다.

✓ **사진을 찍어 보여줍니다.**
대변의 전체적인 상태를 의료진에게 보여야 할 때에는 사진으로 찍어서 준비해 주세요.

대소변은 횟수보다
상태가 더 중요해요.

아이마다 개인차가 굉장히 크기 때문에 횟수는 그리 중요하지 않습니다.

아이가 하루에 몇 번 대소변을 봐야 정상인지 너무나 궁금하지요? 그런데 사실 아이마다 개인차가 굉장히 크기 때문에 횟수는 그리 중요하지 않습니다. 소변은 하루에도 15~20회 정도로 정말 자주 보고, 대변은 3~10회 정도입니다. 아이가 대소변을 보는 횟수가 매우 많기 때문에 먹는 양에 비해 배설하는 양이 참 많다는 생각이 들기도 합니다. 아이가 이렇게 대소변을 자주 보는 이유는 체내 수분 보유량이 적고, 근육의 미발달로 인해 조절이 어렵기 때문입니다.

대변의 경우 아이도 어른과 같이 변비에 걸리기도 합니다. 대개 아이가 2~3일 정도만 대변을 보지 않아도 부모는 변비를 걱정하지만, 일주일에 1회 정도 대변을 보더라도 아이가 잘 먹고, 잘 논다면 크게 문제 되지 않습니다. 물론 아이가 대변을 볼 때 힘을 주거나 힘들어 하면 부모 마음이 아프지요. 이럴 때에는 부드럽게 배변 마사지를 해 주는 것이 좋습니다.

배변 마사지를 할 때에는 부모가 따뜻한 손바닥을 아이 배에 올리고, 배꼽을 중심으로 시계 방향으로 문질러 줍니다. 마사지를 할 때 아이가 불편해한다면 멈추어야 합니다. 그리고 아이의 다리를 구부렸다 폈다 하는 체조를 시켜주거나, 항문 주변을 자극해 주는 것도 좋은 방법입니다. 마사지와 함께 유산균으로 장내 환경을 바꿔주고, 체내 수분이 부족하지 않도록 물을 먹여 주는 것도 좋습니다.

반대로 설사를 하는 경우도 있습니다. 그런데 설사의 경우에는 긴가민가할 때가 있습니다.

원래 아이의 대변이 묽기 때문입니다. 그래서 묽은 대변과 설사의 차이를 구분하는 것이 중요합니다. 평소보다 대변의 횟수와 양이 많고, 물기와 냄새가 심해졌다면 설사일 가능성이 있습니다. 설사의 원인으로는 위장이 약하거나, 급하게 먹어서 체했거나, 바이러스나 세균에 의한 감염 등이 있습니다. 아이가 설사를 할 때에는 소아과를 방문해 진료를 받아 보는 것이 좋습니다. 또한 분유를 먹는 아이의 경우에는 분유가 아이와 맞지 않아서 설사를 하는 경우도 있으니 아이에게 잘 맞는 분유를 찾는 것도 좋은 해결 방법입니다.

쌤에게 물어봐요!

 아이가 설사를 해서 병원에서 약 처방을 받았습니다. 그 외 집에서 해야 할 것이 있을까요?

 가장 중요한 것은 처방받은 약을 잘 먹이는 것입니다. 그리고 집에서 아이를 편하게 해 주면 됩니다.

✅ 물을 먹여 줍니다.
설사로 인해 탈수 증상이 있을 수 있으니 물을 먹여 주세요. 물은 반드시 끓인 후 식혀서 먹여야 합니다.

✅ 엉덩이를 깨끗하게 해 줍니다.
설사를 자주 하면 엉덩이가 짓무르거나, 기저귀 발진이 생길 수 있습니다. 엉덩이를 깨끗하게 씻기고, 잘 말려주세요.

둘 잘 싸기

기저귀 사용법

- 기저귀마다 장단점이 있어요.
- 기저귀 갈아주기는 정서교감이에요.
- 기저귀도 갈아주는 방법이 있어요.

기저귀마다
장단점이 있어요.

천기저귀든, 종이기저귀든 부모와 아이가 편하면 됩니다.

　천기저귀를 써야 할지, 종이기저귀를 써야 할지 아이에게 필요한 모든 것은 늘 부모에게 많은 고민과 힘든 선택의 순간을 가져다줍니다. 그만큼 부모가 아이를 사랑하고 걱정하고 배려하기 때문이겠지요. 결론부터 말하자면 천기저귀든, 종이기저귀든 부모와 아이가 편하면 된다는 것입니다.

　천기저귀는 순면이라 피부에 닿는 감촉이 부드럽고, 통기성이 좋습니다. 특히나 위생에 신경을 많이 써야 하기 때문에 삶아서 사용할 수 있다는 것은 부모의 마음까지 편안하게 해 줍니다. 그리고 천기저귀는 대소변을 보는 즉시 엉덩이가 축축해집니다. 이는 장점이 될 수도 있고, 단점이 될 수도 있는데, 장점으로는 아이가 엉덩이의 불편함을 빨리 느껴 배변 훈련에 도움을 줄 수 있고, 대소변을 볼 때마다 기저귀를 갈아주게 되어 더욱 위생적일 수 있습니다. 그러나 기저귀 가는 것을 잠깐이라도 놓치면 엉덩이가 차가워지고, 발진이 생겨 아이가 불편할 수 있습니다. 또한 외출했을 때 사용이 어렵고, 빨래감이 많아진다는 것도 분명 단점입니다.

　반면 종이기저귀는 흡수력이 좋아 아이가 소변을 보더라도 덜 축축하고, 소변을 볼 때마다 갈아 주지 않아도 되는 장점이 있습니다. 그리고 대소변의 유무를 알려주는 표시가 있어 확인이 쉽고, 무엇보다 외출 시 편리하게 사용할 수 있습니다. 그러나 분명 천기저귀에 비해 통기성이 떨어지고, 소재가 아이와 맞지 않아 기저귀 발진이 생길 수 있다는 단점이 있습니다.

　천기저귀와 종이기저귀 중 어느 것이 더 좋다고 말하기는 어렵습니다. 단, 어떤 기저귀를 사용하든 아이가 편하고, 아프지 않아야 하고, 부모가 사용하기에 힘들지 않아야 합니다. 부모와 아이의 상황에 맞게 선택해 주세요. 그리고 사실 어떤 기저귀를 사용하느냐 보다는 어떻게 기저귀를 갈아주느냐가 더 중요하답니다.

쌤에게 물어봐요!

 천기저귀를 사용하는데, 늘 세탁이 걱정입니다. 매번 삶아야 할까요? 삶으려니 너무 힘들고, 안 삶으려니 찜찜해요.

 기저귀 발진이 없다면 매번 삶지 않아도 됩니다.

✅ 삶기보다 더 중요한 것은 헹굼입니다.

삶는 것보다 더 중요한 것은 기저귀에 세제가 남아 있지 않아야 한다는 것입니다. 아이 전용 세제를 사용하고 충분히 헹궈주세요.

✅ 세탁 후 잘 건조해 보관하세요.

세탁 후 건조가 늦어지면 기저귀에 세균이 생길 수 있습니다. 건조를 바로 하고, 잘 개어서 보관해 둡니다.

기저귀 갈아주기는
정서교감이에요.

애착형성에 필요한 민감성과 반응성을 높이고, 스킨십을 할 수 있는 기저귀 갈기를 놓치지 않아야 합니다.

　기저귀를 갈아주는 건 필수적인 양육행동이고, 동시에 부모와 아이의 정서교감 활동입니다. 하루 종일 아이를 돌보다 보면 부모가 지치기도 하지요. 그래서 아이에게 하는 양육행동에 사랑이 차지하는 비중보다 의무와 책임이 차지하는 비중이 더 커져 기계적으로 양육행동을 할 때가 있습니다. 이러면 안 되겠지요? 아이의 발달 과업 중 가장 중요한 것은 애착형성입니다. 애착형성에 필요한 민감성과 반응성을 높이고, 스킨십을 할 수 있는 기저귀 갈기를 놓치지 않아야 합니다.

　기저귀를 갈 때 가장 중요한 것은 아이가 기저귀를 가는 상황을 편안하게 받아들여야 한다는 것입니다. 그런데 기저귀를 갈 때마다 아이가 울거나, 도망을 다녀 전쟁을 치르는 가정이 많습니다. 이는 아이가 기저귀를 갈 때 불편함을 느낀 적이 있거나, 아직 기저귀를 갈 마음의 준비가 안 되었기 때문입니다. 기저귀를 갈 때 부모가 가장 많이 하는 실수는 막무가내로 아이를 눕혀 놓고 기저귀를 간다는 것입니다. 아이의 입장에서는 내 기저귀가 갑자기 벗겨졌으니 엄청 놀라게 됩니다. 왜냐하면 아이는 상황 예측을 하지 못하니까요. 이런 경험이 있다면 아이는 기저귀를 갈 때마다 울고 보채게 됩니다.

　그래서 부모가 기저귀를 갈 때 해야 하는 행동은 첫 번째, 아이에게 기저귀를 가는 과정에 대해 하나하나 잘 알려주어야 합니다. "이제 기저귀 갈자. 다 갈았어."와 같이 말입니다. 물론 이렇게 말을 한다고 해서 아이가 당장 알아듣는 건 절대 아닙니다. 그러나 이러한 상황이 반복되면 아이도 서서히 기저귀를 가는 상황을 이해하고, 몸이 익숙해져 기저귀를 쉽게 갈 수 있습니다.

두 번째, 부모는 아이를 집중시켜야 합니다. 기저귀를 갈 때 가만히 누워서 도와주는 아이보다는 움직이며, 힘들게 하는 아이가 더 많습니다. 그래서 기저귀를 가는 동안에 부모는 아이와 눈을 맞추고 웃으며 말을 걸어 아이를 집중시켜야 합니다. 이 과정에서 아이는 자신이 부모로부터 사랑을 받고 있음을 느끼고 애착을 만들어갑니다.

세 번째, 기저귀를 다 갈았다면 칭찬을 해 줍니다. 기저귀를 가는 동안 잘 누워서 협조를 해 준 아이에게 엉덩이를 토닥이며 "잘 누워있었어. 다 했어."라고 칭찬을 해 주는 것입니다. 칭찬은 아이를 좋은 협력자로 만들어 줍니다. 또한 아이가 자신에 대한 긍정적인 이미지를 가지게 되어 자존감 높은 아이로 자라게 해 줍니다.

네 번째, 기저귀를 재밌게 정리합니다. 아이가 걸을 수 있고, 던질 수 있다면, 사용한 기저귀를 쓰레기통에 골인하기 놀이를 하며 부모와 즐겁게 정리를 할 수 있습니다.

쌤에게 물어봐요!

 기저귀 발진이 생겼습니다. 어떻게 해야 할까요?

 아이가 불편하지 않도록 빨리 해결해 보겠습니다.

✅ **잘 씻겨 줍니다.**
기저귀를 제때에 갈지 못해 발진이 생겼다면 엉덩이를 잘 씻기고, 잘 말리면 됩니다.

✅ **연고 처방을 받아 발라 줍니다.**
식품 알레르기나 세균 감염 등으로 기저귀 발진이 생겼을 경우에는 소아과에서 처방을 받아 연고를 발라 주면 괜찮아집니다.

기저귀도 갈아주는
방법이 있어요.

기저귀를 갈 때 주의할 사항이 있습니다.

아이가 기저귀를 편하게 사용할 수 있도록 기저귀를 갈 때 주의할 사항이 있습니다.

첫 번째, 부모가 기저귀를 갈기 전후에 손을 깨끗이 씻습니다. 부모의 손에 묻은 세균이 아이에게 전달될 수 있으니 늘 청결을 유지하도록 해야 합니다. 그리고 손은 따뜻한 물에 씻어 아이가 차가운 손길에 놀라지 않도록 해 주어야 합니다.

두 번째, 아이를 포근한 이불에 편하게 눕힙니다. 가끔 맨바닥에 아이를 눕혀 놓고 기저귀를 갈 때가 있는데, 이럴 경우 아이가 불편하므로 반드시 이불에 눕혀서 기저귀를 갈아주어야 합니다.

세 번째, 배꼽이 떨어지기 전에는 기저귀로 배꼽을 가리지 않아야 합니다. 기저귀로 배꼽을 가릴 경우 제대가 세균에 감염되어 냄새가 날 수 있습니다. 기저귀를 적당히 접어서 배꼽이 보이게 해 주면 됩니다. 배꼽이 떨어진 후라도 1~2주 정도는 배꼽이 기저귀 안으로 들어가지 않도록 합니다.

네 번째, 양쪽 발목을 동시에 잡고 다리를 들어 올립니다. 한쪽 발목만 잡고 다리를 들어 올릴 경우 고관절 탈구의 위험이 있습니다.

다섯 번째, 대변을 닦을 때 남자아이와 여자아이의 닦는 방향이 다릅니다. 남자아이는 뒤쪽에서 앞쪽으로 닦고, 여자아이는 생식기에 대변이 들어가지 않도록 앞쪽에서 뒤쪽으로 닦습니다. 물티슈로 닦을 때에는 아이 전용 물티슈를 사용해야 하고, 만약 대변을 많이 본 경우에는 엉덩이를 물로 씻겨 주는 것이 좋습니다.

여섯 번째, 남자아이는 고환을 위로 쓸어 올려 기저귀를 채웁니다. 고환이 아래를 향하고 있으면 사타구니에 끼어 불편할 수 있습니다.

일곱 번째, 기저귀를 채울 때 서혜부(사타구니)와 배에 여유 공간이 있어야 합니다. 기저귀가 너무 꽉 끼면 아이가 불편하니 손가락 하나가 들어갈 수 있을 정도의 여유를 두는 것이 좋습니다.

쌤에게 물어봐요!

 하루 종일 기저귀만 가는 것 같아 싫어요. 육아가 끝이 없는 것 같아 우울한 기분도 많이 듭니다. 저 나쁜 엄마인가요?

 아닙니다. 절대로 나쁜 엄마가 아닙니다.

☑ **우울한 기분은 자연스러운 감정입니다.**

엄마에게는 엄마만의 생활이 있었을 거예요. 학교도 다니고, 친구도 만나고, 회사도 다니고, 여행도 가고. 그런데 아이를 낳고 나서부터는 온전히 아이를 돌보느라 원래 있던 내 생활이 없어져 버린 거죠. 사회와 단절되었으니 당연히 고립감을 느끼고, 내 존재에 대해 회의적일 수 있어 우울감을 느끼게 됩니다. 이건 엄마가 나쁘기 때문이 아니라 사회적인 단절로 인한 자연스러운 감정입니다.

☑ **하루 중 짧게라도 엄마를 위한 시간을 가져야 합니다.**

우울한 기분이 드는 것이 자연스럽다지만 계속 우울하거나, 가족들에게 불편한 기분을 쏟아내면 안 되겠지요. 아이가 잠깐이라도 자거나, 아빠가 아이를 돌볼 때 엄마는 자기만의 시간을 반드시 가져야 합니다. 아이를 돌보느라 지친 일상에 숨 쉴 수 있는 공간을 마련하는 것입니다. 책 읽기, 산책하기, 커피 마시기, 운동하기, 음악 듣기, 자기, 멍 때리기, 텔레비전 보기 등 어떤 것도 좋으니 엄마만의 활력소를 찾길 바랍니다.

☑ **아이는 자라고 반드시 육아는 끝이 있습니다.**

아이가 언제까지나 아이인 것은 절대로 아니지요. 아이가 자라서 스스로 자신의 일을 할 수 있을 때, 부모는 육아로부터 독립을 하게 됩니다. 1차 육아 완성의 시기는 3살이고, 2차 육아 완성의 시기는 7살이며, 이때가 바로 육아 독립을 하는 날입니다. 그날을 기대하며 잘 키우도록 하겠습니다.

둘 잘 싸기

배변 훈련

- 배변 훈련 시기는 아이마다 달라요.
- 배변 훈련 때 아이의 자존심을 지켜주세요.
- 배변 훈련은 우연한 성공과 계획된 칭찬으로 완성돼요.
- 배변 훈련에 필요한 준비물이 있어요.
- 배변 훈련에도 순서가 있어요.
- 배변 훈련을 해요.

배변 훈련 시기는
아이마다 달라요.

배변 훈련 시작 시기와 걸리는 시간은 아이마다 다르므로 아이들을 비교하지 않아야 하고, 서두를 필요가 절대로 없습니다.

아이는 18~36개월 사이에 대소변을 가리게 됩니다. 그래서 어린이집에 가보면 3살 아이들이 있는 반에는 기저귀를 차고 있는 아이가 있지만, 4살 아이가 있는 반에는 기저귀를 차고 있는 아이를 거의 보기 드뭅니다. 그래서 쉽게 말하자면 4살 반에 들어가기 전까지만 대소변을 가리고, 기저귀를 떼면 됩니다. 배변 훈련 시작 시기와 걸리는 시간은 아이마다 다르므로 아이들을 비교하지 않아야 하고, 서두를 필요가 절대로 없습니다.

배변 훈련을 시작할 시기는 아이의 발달에 맞추어야 합니다. 배변 훈련은 부모의 노력과 아이의 의지로만 성공하는 것이 아니고, 배변 훈련을 할 수 있는 아이의 몸이 준비되었을 때 성공할 수 있기 때문입니다. 15개월 이전의 아이는 대소변 조절능력이 없어 대소변을 자동적으로 배출하게 되므로 배변 훈련이 불가능합니다. 그러나 15~18개월 정도가 되면 신경과 뇌의 발달을 통해 아이가 방광의 감각을 느낄 수 있어 대소변 훈련의 시작을 고려해 볼 수 있습니다. 그리고 24~30개월 정도에는 방광 조절 능력이 더욱 발달해 소변을 참을 수 있고, 스스로 소변을 볼 수 있으며, 30~36개월에는 대소변 통제능력이 생깁니다.

만약 배변 훈련을 할 준비가 안 된 아이에게 배변 훈련을 시작하면 아이는 스트레스 상황에 노출되고, 잦은 실수를 통해 자신은 할 수 없다는 좌절감을 느끼게 됩니다. 그리고 억지로 배변 훈련을 시키는 부모와 상호작용에 어려움이 생길 수 있습니다. 반대로 배변 훈련을 너무 늦게 시작하는 경우에는 아이가 기저귀에 대한 의존성이 커져 기저귀 떼기가 더 어려워지니 시기를 잘 맞추어야 합니다.

배변 훈련 시기가 되었는지 확인하는 방법

신체발달

- 대변을 규칙적으로 봅니다.
- 소변보는 간격이 2시간 이상입니다.
- 혼자 걸을 수 있습니다.
- 변기에 앉을 수 있습니다.
- 옷을 내릴 수 있습니다.

언어발달

- '싫어. 안 해.'와 같은 자기주장을 할 수 있습니다.
- '쉬, 응가'와 같은 말을 이해하고 사용할 수 있습니다.

인지발달

- 간단한 지시를 따를 수 있습니다.
- 대소변이 옷에 묻으면 불편함을 느낍니다.
- 대소변을 보고 싶다는 신호를 보낼 수 있습니다.
- 부모의 변기 사용에 대해 호기심을 보입니다.
- 부모를 모방하는 행동을 보입니다.

아이마다 대소변을 가리는 시기가 다르다고는 하지만, 옆집 아이보다 늦으니 은근 스트레스받아요. 제가 양육을 잘못하고 있는 것 같기도 하고요.

괜히 비교되고, 속상하지요. 절대로 양육을 잘못한 결과가 아닙니다.

✅ 아이의 발달은 부모의 양육 성적표가 아닙니다.

아이의 발달상태가 그동안 부모로서 한 양육에 대한 성적표가 절대 아닙니다. 양육에 대한 부담감을 조금만 내려놓으면 좋겠습니다.

✅ 아이마다 개인차가 큽니다.

아이마다 타고난 기질, 양육된 환경, 성별이 다릅니다. 특히 월령에 따라 발달의 차이가 매우 큽니다. 따라서 조건이 다른 옆집 아이와 내 아이를 비교하는 것 자체가 옳은 것이 아닙니다. 비교란 동일한 조건에서 차이를 알기 위해 하는 것이니까요. 비교하지 말고 내 아이에게 집중해 보도록 하겠습니다.

배변 훈련 때
아이의 자존심을 지켜주세요.

아이가 자존심이 상하지 않고, 스스로 할 수 있다는 자신감을 가질 수 있도록 부모가 잘 배려해 주어야 합니다.

　아이마다 개인차가 있으나, 대부분 두 돌 전후에 배변 훈련을 시작합니다. 이 시기의 아이는 부모와 자신을 분리해 생각할 수 있어 '나'라는 개념이 생기고, 자율성이 발달해 스스로 하고자 하는 욕구가 많아집니다. 이런 아이가 배변 훈련을 하면서 실수를 많이 하거나, 스스로 하지 못하게 되면 자존심이 많이 상하게 됩니다. 그래서 아이가 자존심이 상하지 않고, 스스로 할 수 있다는 자신감을 가질 수 있도록 부모가 잘 배려해 주어야 합니다.

　첫 번째, 배변 훈련 기간을 넉넉하게 계획합니다. 부모가 매우 계획적인 성향을 가지고 있는 경우 단기간에 배변 훈련을 마치려 할 때가 있습니다. 그런데 아이는 부모의 계획에 맞춰주지 않습니다. 대개 아이는 자신만의 속도로 발달합니다. 그런데 부모가 마음이 급해 서두르고, 그 과정에서 아이를 야단치고, 재촉하는 일이 생기면 아이는 힘들어하고, 예민해집니다. 아이는 부모의 속도와는 차원이 다르게 느리다는 것을 기억하고, 느긋하게 배변 훈련에 임해야겠습니다.

　두 번째, 아이의 실수에 대해 격려를 해 주어야 합니다. 어른에게는 무척이나 쉬운 일이지만, 아이에게는 처음 경험하는 일이니 당연히 쉽지 않습니다. 특히 배변 훈련은 조절능력을 키우는 것이기 때문에 더욱 어렵습니다. 아이가 변기에 대소변을 보지 않고 옷에 실수를 했을 때에는 "옷이 축축하겠네. 옷 갈아입자."라고 말하고, 옷을 갈아 입혀주세요. 그러면서 "다음에는 변기에 꼭 해 보자."라고 가르쳐주며 격려합니다. 이런 과정에서 아이는 좌절감과 수치심 등을 느끼기보다는 안정감을 느끼고, 다시 도전하려는 용기와 동기가 생깁니다. 만약 야단을 맞았다면 위축되고, 부모의 눈치를 보며, 매우 예민하고 까다로운 아이로 성장하게 됩니다.

세 번째, 변기에 대소변을 보면 칭찬을 꼭 해 줍니다. 아이가 자신의 성공에 대해 인지하고, 부모로부터 인정을 받는 느낌을 가질 수 있도록 칭찬은 필수입니다. 칭찬을 통해 애정과 신뢰감을 형성하고, 자신감과 자존감이 생깁니다.

네 번째, 대소변에 대해 더럽다고 하지 않습니다. 대소변은 분명 아이의 몸에서 나왔고, 언제나 아이 몸속에 있습니다. 그런 대소변에 대해 더럽다고 느끼게 되면 아이는 자신을 더러운 것을 만들고, 배설한 나쁜 아이라 생각하고 대소변을 할 때마다 수치심을 느끼게 되니 주의가 필요합니다. 특히 7살 정도가 되어 혼자 대변을 닦아야 할 때가 되었을 때 스스로 하지 않으려고 해 문제가 되기도 합니다.

다섯 번째, 대소변에 대한 의사표현을 가르칩니다. 평소 부모가 화장실을 갈 때 "쉬하고 올게.", "응가하고 올게."라고 말해 줍니다. 그리고 아이가 대소변을 보고 싶은 신호를 보내면 부모가 아이에게 "쉬하고 싶구나. 변기에 하자.", "응가 하고 싶구나. 변기에 하자."라고 말해 줍니다. 이를 통해 아이는 자연스럽게 대소변 의사를 말로 표현하는 것을 배우게 됩니다.

여섯 번째, 대소변 실수에 대한 책임을 줍니다. 옷이나 바닥에 대소변 실수를 했다면 "급해서 실수했구나. 옷은 빨래통에 넣자."라고 말하고, 아이의 옷을 갈아입힌 후 젖은 옷은 아이가 직접 빨래통에 넣도록 하는 것이 좋습니다. 스스로 정리를 하며 책임을 질 때 행동이 수정됩니다.

쌤에게 물어봐요!

 아이가 바닥에 쉬나 응가를 한 후 손으로 만집니다. 더럽다고 말하면 안 된다고 하니, 뭐라고 말해야 하나요?

 사실을 가르치고, 해야 하는 행동을 알려주면 됩니다.

☑ **대소변에는 세균이 있다는 것을 알려줍니다.**
아이에게 "쉬랑 응가에는 세균이 있어서 가지고 놀면 안 돼. 변기에 '안녕'하고 잘 보내줘야 해."라고 알려주세요. 세균에 대해 이야기할 때 너무 심각하게 설명해 불필요한 공포심을 느끼게 할 필요는 없습니다.

☑ **손을 깨끗이 씻도록 해 줍니다.**
손을 씻도록 해 손에 묻은 대소변과 세균을 없애야 한다는 것을 알려줍니다. 손을 다 씻은 후 "손이 깨끗해졌네. 이제 응가랑 쉬 세균 모두 없네."라고 말해 줍니다.

배변 훈련은 우연한 성공과 계획된 칭찬으로 완성돼요.

알고 준비해서 이루어지는 배변 훈련은 없습니다. 아이의 인지능력은 아직 그만큼 발달하지 못했거든요.

아이의 대소변 가리기 과정을 보면 참 재미있습니다. 도망가는 아이를 향해 부모가 아기변기에 앉히려 쫓아가기도 하고, 아이에게 아기변기가 멋지다고 엄지척을 날리며 부모가 온갖 애교를 부리기도 하지요. 하지만 이런 부모의 노력에 아이가 화답해 대소변 가리기가 시작되는 게 절대 아니라는 건 웃픈 현실이기도 합니다.

이제 막 배변 훈련을 시작한 아이가 있습니다. 부모는 아기변기에 소변을 유도합니다. 아이는 아기변기에는 절대로 소변을 보지 않다가 다시 기저귀를 채우면 기저귀에 소변을 보는 무수히 많은 날이 반복됩니다. 그러던 어느 날 부모가 아이가 소변을 하려는 순간에 딱 맞게 아기변기를 가져다주었는데, 아이가 그만 너무 급해서 기저귀를 해 줄 때까지 참지 못하고 아기변기에 첫 소변을 하고 말았습니다. 이때 부모는 열열한 환호와 함께 박수를 치며 아이를 칭찬하고, 첫 소변의 기쁨을 나눕니다. 이게 바로 아이의 배변 훈련의 시작입니다. 알고 준비해서 이루어지는 배변 훈련은 없습니다. 아이의 인지능력은 아직 그만큼 발달하지 못했거든요. 이런 우연한 성공의 횟수가 늘면 나중에는 아이가 자발적으로 변기에 소변을 보게 됩니다. 이런 과정을 촉진하고, 유도하는 것이 바로 부모의 계획된 칭찬입니다. 아이의 우연한 성공에 크게 칭찬해 주세요.

아이가 아기변기에 앉아서 놀기도 하고 변기를 좋아합니다. 그런데 정작 대변을 볼 때에는 문 뒤에 숨어서 기저귀에 해요. 아기변기에 하도록 가르치는 방법이 없을까요?

 아이가 왜 문 뒤에서 대변을 보는지부터 알아야 합니다. 아이는 대변을 볼 때 이상하고, 무섭고, 불안해서 자신만의 안전지대를 찾아 대변을 보는 것입니다. 절대로 아무 곳에서 하는 것이 아닙니다. 이는 아이가 나름 심리적으로 배변 훈련을 하고 있는 중이라고 볼 수 있습니다.

✅ 아이의 마음에 공감해 줍니다.

문 뒤에서 대변을 봤다면 "응. 거기서 응가하는 게 편하구나."라고 공감해 주세요. 만약 "변기에 해야지. 왜 거기서 해."라고 야단을 치면 아이는 죄책감을 느끼며, 더욱 숨어서 대변을 보게 됩니다. 아이가 자기 나름대로 마음이 편한 곳을 찾은 것만으로도 칭찬해 줄 일입니다.

✅ 아기변기에 대변을 넣고 인사하게 합니다.

아이에게 대변의 집은 아기변기라는 것을 알려주어야 합니다. 아기변기에 대변을 넣고 아이에게 "안녕." 이라고 인사를 하도록 해 주세요. 그리고 이런 행동을 잘한 아이에게 칭찬을 해서 나중에는 대변의 집을 처음부터 잘 찾아 줄 수 있도록 해 주세요.

✅ 문 뒤에 아기변기를 놓고 대변을 보도록 해 줍니다.

아이가 아기변기는 좋아하지만 아직 문 뒤를 더 편하게 생각한다면, 문 뒤에 아기변기를 준비해 아이가 편하게 대변을 볼 수 있도록 도와주세요. 마음이 편해지고 자신감이 생기면 문 뒤가 아닌 일정한 장소에서 아기변기에 대변을 볼 수 있게 된답니다.

배변 훈련에 필요한
준비물이 있어요.

아기변기, 속옷, 동화책, 유아용 변기커버, 발판 그리고 너그러운 부모의 마음이 필요합니다.

아이의 배변 훈련을 돕기 위한 준비물이 있습니다.

첫 번째, 아기변기입니다. 아기변기는 처음부터 변기의 용도로 사용하는 것은 아닙니다. 아기변기와 아이가 친숙해지기 위해서 아기변기에 앉아서 놀고, 밥 먹고, 모든 일상생활을 다 합니다. 아이 중에는 아기변기에서 놀기는 잘하지만, 절대로 대소변을 보지 않으려 하는 아이도 있습니다. 기저귀에 대소변을 볼 때의 느낌과 아기변기에서 볼 때의 느낌이 달라 마음이 불편하기 때문입니다. 이럴 때에는 아이가 아기변기에 앉았을 때 부모가 손을 잡아 준다거나 안아주는 자세를 취해 안정감을 느낄 수 있도록 도와주어야 합니다.

두 번째, 속옷입니다. 팬티를 처음 입는 아이는 어색하고 불편할 수 있지만, 곧 기저귀보다 편하다는 것을 알게 됩니다. 특히 아이는 부모를 모방하려는 마음이 크므로 "이제 엄마 아빠처럼 팬티 입는 거야."라고 말해 주면 보다 쉽게 입을 수 있답니다.

세 번째, 배변 훈련 동화책입니다. 아이의 눈높이에 맞게 만들어진 동화책을 읽어주면 아이가 배변 훈련이 이상하고 무서운 것이 아니라, 자연스럽고 자랑스러운 것임을 스스로 느껴 조금 더 편안히 배변 훈련에 임하게 됩니다.

네 번째, 유아용 변기커버입니다. 거실이나 방에서 사용하던 아기변기에 익숙해지면 이제는 화장실에 있는 진짜 변기를 사용해야 합니다. 아이의 엉덩이가 변기 안으로 빠지지 않도록 유아용 변기커버는 필수겠지요.

다섯 번째, 발판입니다. 아이가 어른 변기에 앉을 때 밟고 올라가고, 용변을 보는 동안 발을 편하게 올려 둘 수 있는 발판이 필요합니다. 미끄럼방지가 되어 있는 안전한 발판을 사용해야 하고, 발판에 올라가다가 넘어지지 않도록 부모가 도와주어야 합니다.

여섯 번째, 너그러운 부모의 마음입니다. 아이의 배변 훈련이 계획대로 되지 않을 때가 많습니다. 그리고 계획대로 되었다 해도 아기변기를 사용하다가 어른 변기를 사용하게 되면 무섭다고 우는 아이도 많습니다. 변기의 높이가 어른에게는 편하게 앉을 수 있는 높이지만, 아이에게는 높게 느껴져 무서울 수 있기 때문입니다. 또한 화장실은 대부분 불을 켜고 들어가야할 정도로 어두워서 아이에게는 무서울 수 있습니다. 아이가 화장실에서 변기를 사용할 때 무서워하더라도 너그럽게 이해하고, 천천히 배변 훈련 과정을 지켜봐 줄 수 있는 부모의 마음이 꼭 필요합니다.

쌤에게 물어봐요!

 배변 훈련 동화책을 아이와 함께 읽었습니다. 아이가 자기는 안 하면서, 저에게 아기변기에 응가를 하라고 합니다. 어떡하죠?

 아이가 굉장히 귀엽네요. 그런데 그럴 수는 없지요.

✅ **아기변기는 아이만 사용하는 거라고 알려주세요.**

엄마 아빠는 화장실에 있는 어른 변기를 사용하고, 아기변기는 아이만 사용한다는 것을 꼭 알려주세요. 반복이 중요합니다.

✅ **아이에게 어른 변기에 앉길 강요하지 않아야 합니다.**

아이가 부모에게 자꾸만 아기변기에 대변을 보라고 하면 맞불 작전으로 부모가 아이에게 어른 변기에 앉아 보라고 시키기도 합니다. 하지만 아직 준비가 안 된 아이에게 괜히 변기에 대한 좋지 않은 기억만 심어 줄 수 있으니 절대로 하지 않도록 합니다.

배변 훈련에도
순서가 있어요.

대소변 가리기를 하는 일반적인 순서가 있기는 하지만 반드시 정답은 아닙니다.

대변 가리기와 소변 가리기 중 어느 것부터 먼저 해야 하는지 알쏭달쏭하지요? 잘 생각해 보면 다 클 때까지 이불에 소변을 보는 아이는 있지만, 대변을 보는 아이는 거의 보지 못했을 거예요. 맞아요. 보통 상대적으로 횟수가 적은 대변을 먼저 가리고, 소변을 나중에 가리기 때문입니다. 배변 훈련의 일반적인 순서는 밤 대변 가리기를 시작으로 낮 대변 가리기, 낮 소변 가리기, 밤 소변 가리기입니다. 그러나 낮 대변과 낮 소변은 배변 훈련을 시키는 부모에 따라 다를 수 있습니다. 부모가 대변 가리기부터 하면 아이는 대변을 먼저 가릴 것이고, 소변 가리기부터 하면 소변을 먼저 가리게 되니까요. 대소변 가리기를 하는 일반적인 순서가 있기는 하지만 반드시 정답은 아닙니다. 아이마다 순서가 조금은 달라질 수도 있으니 아이의 발달 상태를 살펴보고 그에 맞게 하는 것이 정답입니다.

밤 대변 가리기는 부모가 무엇을 하지 않아도 아이가 자연스럽게 가리게 되니 특별히 신경 쓸 일이 없습니다. 낮 대변과 소변은 부모가 아이의 배변 스케줄에 맞추어 시도를 하면 시간이 걸리겠지만 곧잘 가리게 됩니다. 그런데 문제는 밤 소변 가리기입니다. 언제 시작해야 하는지, 자꾸 이불에 실수를 하면 어떻게 해야 하는지, 조금은 막막하기도 하지요? 아이가 보내는 몸의 신호를 잘 살펴보면 답이 보입니다.

아이에게 기저귀를 채워서 재웠는데 아침까지 소변을 보지 않아 기저귀가 뽀송할 때가 바로 밤 소변 가리기를 할 수 있다는 몸의 신호입니다. 이때가 되면 자연스럽게 기저귀를 벗기고 속옷을 입혀 재우면 됩니다. 밤 소변 가리기를 잘하려면 잠자기 전에 아이가 소변을 볼 수 있도록 하고, 물을 가급적 적게 먹이는 것이 좋습니다. 간혹 아이는 기저귀를 뗄 준비가 되었는데 이불에 실수를 할까 봐 걱정되어 부모가 기저귀를 떼지 못할 경우가 종종 있습니다. 이럴 경우 아이가 기저귀에 대한 의존성이 높아져 오랫동안 기저귀를 하게 됩니다. 아이를 믿고 소변 실수에 대해 조금 더 너그럽게 이해해주는 마음을 가지고 기저귀 대신에 팬티를 입혀주세요.

쌤에게 물어봐요!

 30개월 아이입니다. 밤에 소변을 가리는 것 같더니 자꾸만 이불에 쉬를 합니다. 자다 깨워서 쉬를 하게 해야 할지 고민이에요. 혹시 야뇨증인가요?

 아직은 완전히 밤 소변 가리기가 안 된 것이지 야뇨증은 아닙니다.

☑ **야뇨증은 만 5살 이상부터 진단 가능합니다.**

야뇨증은 말 그대로 밤에 자면서 조절이 안 되어 이불에 소변을 보는 것으로, 만 5살 이상 아이 중 주 2회 이상 소변 실수를 할 때 진단 가능합니다.

☑ **자는 아이를 깨워서 소변을 보게 할 필요는 없습니다.**

자는 아이를 깨워서 소변을 보게 하는 것은 별 의미가 없습니다. 잠에 취한 상태로 소변을 보는 것이라 기저귀에 소변을 보는 것과 동일하니까요. 억지로 깨워서까지는 하지 않아도 됩니다.

☑ **아이의 몸과 마음을 살펴봅니다.**

아이의 몸 상태를 관찰해 준비가 되었는지 확인해 주세요. 그리고 심리적으로 불편하거나, 너무 피곤한 날도 소변 실수를 하는 경우가 있으니 최근 아이의 생활 속에서 불편할 만한 일은 없었는지 살펴보는 것도 좋겠습니다.

☑ **방수요를 준비하고, 다시 밤 소변 가리기를 연습해 봅니다.**

아이에게 문제가 없다면 밤 소변 가리기를 다시 연습하면 됩니다. 이불 빨래가 너무 많아지면 힘드니 방수요를 준비해도 좋겠습니다.

배변 훈련을 해요.

기저귀 가방을 들고 다니지 않아도 되니 한결 몸도 가벼워집니다.

배변 훈련에 성공해서 기저귀를 떼고, 팬티를 입고 아장아장 걷는 아이를 상상해 보겠습니다. 상상만으로도 마음이 뿌듯하고, 기저귀 가방을 들고 다니지 않아도 되니 한결 몸도 가벼워지는 것 같습니다. 아이와 함께 차근히 배변 훈련을 해 보겠습니다.

소변 가리기

소변 가리기를 위해 해야 하는 것은 첫 번째, 아이의 소변 스케줄 확인하기 입니다. 아이가 2시간 이상의 간격으로 소변을 볼 때 혹은 그보다 짧은 시간 간격으로 소변을 보지만 일정하게 본다면 소변 가리기를 연습할 수 있습니다. 소변 시간 간격이 일정한 아이라도 그날의 컨디션에 따라 많이 달라질 수 있으니 아이를 잘 관찰해서 스케줄을 확인해야 합니다.

두 번째, 일정한 시간 간격으로 소변을 보도록 유도합니다. 아이가 먼저 소변을 보겠다고 아기변기를 달라고 하는 일은 없겠지요? 부모가 일정한 시간 간격으로 아이를 아기변기에 데리고 가서 "쉬하자."라고 말하며 소변을 보도록 해 주어야 합니다. 아이가 소변을 보지 않으면 "지금은 안 하는구나. 다음에 다시 하자."라고 말해 줍니다.

세 번째, 아이의 신호에 반응합니다. 아이는 소변을 보고 싶을 때 독특한 신호를 보냅니다.

잘 놀다가 갑자기 행동을 멈춘다거나, 몸을 살짝 비틀기도 합니다. 이 신호를 부모가 알아차리고 그 순간 재빨리 아기변기를 대령한 후 "쉬하고 싶구나. 쉬하자."라고 말해 아이가 아기변기에 쉬를 하는 것임을 알도록 해 주면 됩니다. 하지만 아이는 아기변기를 보는 순간 소변을 꾹 참을 수도 있으니 소변을 보지 않는다고 야단은 치지 않겠습니다.

네 번째, 아침에 일어나면 꼭 소변을 보게 합니다. 아침에 일어났을 때가 아기변기에 소변을 보는 것을 연습하기 가장 좋은 시간입니다. 이 시간에는 대부분의 아이가 자연스럽게 소변을 보고 싶기 때문입니다.

다섯 번째, 저녁에 자기 전에 소변을 보게 합니다. 잠이 들기 전에 꼭 한번 아기변기에 소변을 보게 해 잠을 자기 전에는 소변을 보는 것임을 알려주어야 합니다.

여섯 번째, 몸에 묻어 있는 소변을 닦아줍니다. 남자아이는 음경을 톡톡 가볍게 털어 묻어 있는 소변을 털어내고, 여자아이는 휴지로 가볍게 닦아 소변이 몸에 묻어 있지 않도록 하는 것을 알려줍니다.

일곱 번째, 소변을 화장실 변기에 버립니다. 소변을 화장실 변기에 버리는 것을 보여주며 나중에는 화장실에서 소변을 보는 것임을 알려줍니다.

여덟 번째, 기저귀 대신 팬티를 입힙니다. 낮에 소변 가리기를 할 때 어느 정도 아기변기에 소변을 볼 수 있다면 기저귀가 아니라 반드시 팬티를 입혀야 합니다. 팬티를 입고 있어야 옷에 소변을 봤을 때의 축축함을 느끼게 되어 소변 가리기를 더 잘 할 수 있습니다. 밤에 자는 동안 소변을 보지 않아 아침까지 기저귀가 뽀송하다면 밤 중 소변 가리기가 가능한 시기이므로 이때부터는 밤에도 팬티를 입힐 수 있습니다.

아홉 번째, 칭찬과 격려를 합니다. 아기변기에 소변보기를 성공했다면 칭찬을 해 주고, 만약 하시 못했다면 격려를 해 주어야 합니다.

대변 가리기

대변 가리기를 위해 해야 하는 것은 첫 번째, 아이의 대변 스케줄 확인하기 입니다. 하루에 한 번 또는 여러 번 혹은 몇 일에 한 번 대변을 보는 등 아이마다 많이 다르므로 아이의 스케줄을 꼭 확인합니다.

두 번째, 아이가 보이는 대변 신호에 반응합니다. 아이가 힘을 주는 몸짓을 하고 '끙'이라는 소리를 내며 얼굴이 빨개지는 등의 신호를 보이면 부모는 아기변기에 아이를 앉히고, 함께 힘을 주는 몸짓과 소리를 냅니다.

세 번째, 대변을 본 후 뒤처리를 합니다. 아이의 엉덩이를 휴지나 물티슈로 닦아주며 뒤처리 방법을 몸으로 느끼게 해 줍니다. 대변 뒤처리를 한 후 "깨끗해졌네."라고 말해 줍니다.

네 번째, 대변을 화장실 변기에 버립니다. 지금은 아기변기에 대변을 보지만 나중에는 화장실 변기에서 대변을 본다는 것을 자연스럽게 알려줍니다.

다섯 번째. 칭찬과 격려를 합니다. 모든 활동의 마무리는 칭찬과 격려입니다. 아이가 자신감을 가질 수 있도록 도와주세요.

쌤에게 물어봐요!

아이가 배변 훈련을 할 때 부모가 화장실 사용하는 것을 보여주는 게 좋다고 들었습니다. 그런데 아이가 어리지만 남자아이라 엄마인 제가 화장실 사용하는 모습을 보여주기 싫은데, 어떡하죠?

모델링이 되어 주면 분명 아이가 이해하기 쉽겠지만, 절대로 억지로 할 필요는 없습니다.

✅ **엄마의 개인적인 일은 엄마가 결정합니다.**

화장실에서 용변을 보는 건 아주 개인적인 일입니다. 엄마의 개인적인 일이라면, 엄마의 의견에 따르는 게 맞습니다.

✅ **아빠에게 역할을 주면 좋겠습니다.**

아빠가 아이에게 모델링이 되는 게 더 좋겠습니다. 화장실 사용 방법이 똑같으니까요.

셋 **잘 놀기**

놀이

- 놀아주지 말고 즐거운 양육놀이해요.
- 발달을 촉진하는 놀이 자극이 필요해요.
- 모든 물건은 놀잇감이 될 수 있어요.
- 재밌는 놀이에는 원칙이 있어요.
- 또래랑 노는 건 어려워요.
- 가장 좋은 놀이 친구는 부모예요.
- 놀이를 통해 아이가 자라요.

놀아주지 말고
즐거운 양육놀이해요.

지금부터는 일부러 시간을 내 놀이를 하지 않겠습니다.

"잘 노는 아이가 잘 큰다." 놀이가 아이 발달에 미치는 영향의 중요성을 강조하는 말입니다. 그래서 부모는 시간을 내 아이와 놀이를 하려고 하지만 마음처럼 쉽지 않지요. 하루 종일 먹이고, 씻기고, 입히고, 재우느라 지치는데, 더 시간을 내 놀이를 한다는 건 거의 불가능한 일이기도 합니다. 그래서 지금부터는 일부러 시간을 내 놀이를 하지 않겠습니다.

우리나라 속담 중에 '떡 본 김에 제사 지낸다.'라는 말이 있습니다. 이 말을 놀이 상황으로 말하면 '목욕하는 김에 물놀이한다.', '기저귀 가는 김에 까꿍 놀이한다.'라고 할 수 있습니다. 어때요? 절대로 일부러 시간을 낼 필요가 없지요?

아이의 발달에는 놀이 자극이 매우 중요합니다. 놀이 자극이라고 하면 놀잇감을 생각하기 마련이지만, 아직 인지능력이 미숙한 아이에게는 놀잇감 자체의 용도는 중요하지 않습니다. 아이에게는 딸랑이나 자동차나 다 만져보고, 소리 듣는 게 전부거든요. 놀잇감의 용도보다 더 중요한 것은 놀이를 통해 받는 '감각 자극'입니다. 아이는 어른에 비해 언어나 인지발달은 분명 좋지 않지만, 감각 자극만큼은 훌륭합니다. 그래서 아이에게 촉감을 자극할 수 있도록 형겊 책을 주고, 청각을 자극할 수 있도록 딸랑이를 주고, 시각을 자극할 수 있도록 불빛이 나는 자동차를 주는 것이지요. 이 감각 자극 중 가장 중요한 자극은 바로 촉감, 스킨십입니다. 왜냐하면 신체나 언어 · 인지발달에 앞서 더 중요한 것이 정서발달인데, 정서발달은 부모와 스킨십을 통한 안정감 형성과 정서교류에 의해 이루어지기 때문입니다. 그래서 아이가 어릴 때는 스킨십이 많은 신체 놀이가 좋다고 합니다.

그런데 가만히 생각해 보면, 부모는 하루 종일 아이랑 스킨십을 하고 있습니다. 모유나 분유를 먹일 때 팔로 안고, 씻길 때 손으로 씻기고, 기저귀 갈 때 손으로 갈고, 재울 때 안거나 업거나 눕힌 상태로 손으로 토닥이지요. 그래서 부모가 아이에게 하는 양육행동을 따뜻한 스킨십으로 즐겁고 재밌게 한다면 모두가 충분한 놀이가 되는 것입니다. 하지만 아이가 처음부터 부모의 양육행동에 잘 따르는 것은 아닙니다. 그래서 부모가 힘든 것인데, 만약 양육을 놀이처럼 즐겁게 한다면 아이도 재밌고 편하므로 부모의 양육행동에 더 잘 따르게 됩니다. 이때 아이는 부모와 놀아서 즐겁고, 부모는 조금 더 수월하게 양육을 하고, 아이랑 즐거운 시간도 보냈으니 마음까지 뿌듯해집니다. 이제 놀아주지 말고, 일석삼조 양육놀이를 즐겁게 하면 좋겠습니다.

양육놀이

기저귀 갈기

① 아이를 이불에 편히 눕힙니다.
② 새 기저귀를 가지고 까꿍 놀이를 합니다.
③ 기저귀를 갈아줍니다.
④ 부모가 손으로 까꿍 놀이를 합니다.
⑤ "기저귀 다 갈았어."라고 말하며 아이를 안아주고 뽀뽀해 줍니다.

옷 입히기

① 아이를 눕히거나 앉힙니다.
② "머리 쏘~옥."이라고 말하며 윗옷을 입힙니다.
③ 아이의 얼굴이 옷에서 쏙 나오면 이마에 '쪽' 뽀뽀해 줍니다.
④ "팔 나오라 뿅~."이라고 말하며 옷을 입힙니다.
⑤ 소매 끝에 손가락이 살짝 보이면 "손 여기 있네."라고 말하며 손을 살짝 당겨 옷을 입힙니다.
⑥ "다리 나오라 뿅~."이라고 말하며 바지를 입힙니다.
⑦ 다리가 옷 속에서 나오려고 하면 발바닥을 살짝 간지러줍니다.
⑧ "옷 다 입었다~."라고 말하며 아이를 안아주고 뽀뽀해 줍니다.

목욕하기

① "우리 목욕 놀이하자."라고 말하며 목욕의 시작을 알립니다.
② "옷 벗고 욕조에 퐁당~ 하자."라고 말합니다.
③ 옷을 벗기는 순서대로 아이에게 알려주며 옷을 벗깁니다.
④ 거품을 내어 아이 몸에 문지르며 "미끌미끌, 뽀드득."이라고 말하며 목욕을 합니다.
⑤ 거품을 헹궈내며 "우와~ 목욕 놀이 잘한다."라고 칭찬을 해 줍니다.
⑥ "목욕 놀이 끝. 와~ 깨끗하네. 이쁘다."라고 말하며 안고 뽀뽀해 줍니다.

로션 바르기

① 아이를 눕히거나 앉힙니다.

② 부모의 손에 로션을 적당량 준비합니다.

③ "이마는 어디 있나? 여기, 볼은 어디 있나? 여기." 노래에 맞추어 아이의 얼굴에 로션을 콕콕 찍어 줍니다.

④ 아이 얼굴의 로션을 부드럽게 문지르며 "뱅글뱅글. 쓱쓱윽~."이라고 말합니다.

⑤ "아이~ 예뻐라."라고 말하며 안아주고 뽀뽀해 줍니다.

쌤에게 물어봐요!

 돌쟁이 아이입니다. 원래부터 얼굴에 로션을 바르려고 하면 울었는데, 점점 더 싫어하는 것 같아요. 억지로 로션 놀이를 해야 할까요?

 억지로 로션 놀이를 할 필요는 없습니다. 아이마다 좋고 싫은 자극이 있으니까요. 설명한 양육놀이는 예시일 뿐, 그중 내 아이에게 맞는 것을 골라서 하면 됩니다.

☑ 로션을 거부하는 이유를 찾아봅니다.

피부에 닿는 로션의 촉감이나 향기 또는 로션을 발라주는 손길 중 특별히 아이가 불편한 자극이 있을 수 있으니 찾아보는 것이 좋겠습니다.

☑ 로션을 바르는 이유를 설명하고 발라줍니다.

아이가 아무리 싫다고 해도 전혀 로션을 바르지 않을 수는 없지요. 아이가 적응할 수 있도록 바르는 이유를 간단히 설명하고, 짧은 시간 동안 빠르게 발라 불편감을 최소화해 줍니다.

☑ 아이가 로션을 거부하고 운다고 해서 부모가 같이 화를 내면 안 됩니다.

아이가 싫음을 울음으로 표현하는 건 당연합니다. 다른 표현 방법을 모르니까요. 이럴 때 안타까운 마음에 부모도 같이 화를 낼 때가 있습니다. 이럴 경우 아이는 로션도 싫지만, 화내는 부모로 인해 로션을 더욱 싫어하게 되니 조심해야 합니다.

발달을 촉진하는
놀이 자극이 필요해요.

아이에게 필요한 자극에 맞게 아이의 놀이 환경을 만들어 주세요.

　아이는 첫 12개월 동안 기적적인 발달을 합니다. 목도 가누지 못하고 누워있던 아이가 걸을 수 있고, 울음과 옹알이만 하던 아이가 첫 단어를 말하기 시작하지요. 이런 발달을 위해서는 부모의 애정뿐만 아니라 다양한 놀이 자극이 필요합니다. 지금부터 아이의 발달에 맞추어 필요한 몇 가지 놀잇감을 소개할 텐데, 이해를 돕기 위해 시중에 판매되고 있는 놀잇감의 이름을 사용합니다. 이는 이 놀잇감을 사주라는 뜻이 아니라 필요한 자극을 말하기 위해서입니다. 아이에게 필요한 자극이 무엇인지 알고, 그에 맞게 아이의 놀이 환경을 만들어 주세요.

누워있는 아이

　갓 태어난 아이는 목을 가누지 못하고, 반사적으로 팔과 다리를 버둥거리고, 손에 물건이 닿으면 움켜쥘 수 있는 정도의 능력을 가지고 있습니다. 이렇게 혼자서는 아무것도 할 수 없는 아이라고 해서 가만히 두면 안 됩니다. 아이는 매일 자라고 있으니 누워있는 아이에게도 놀이 자극이 필요합니다. 그러나 너무 발달에 민감하게 반응하거나, 발달을 촉진하기 위해 노력하기보다는 부모와 아이가 즐거움을 나눈다는 것에 목적을 두면 아이의 발달은 덤으로 따라오게 됩니다.

첫 번째, 촉각 자극이 필요합니다. 가끔 아이가 온몸을 뻗고 놀라는 반응을 보이며 울 때가 있는데, 이는 반사적인 운동에 스스로 놀랐기 때문입니다. 아이는 태어나기 전에 엄마의 자궁으로부터 온몸이 감싸져 있었습니다. 그래서 태어난 후에도 특별한 촉각 자극을 준다기보다는 자궁에서와 같은 안정감을 느낄 수 있도록 속싸개로 온몸을 잘 감싸 주는 것이 중요합니다. 그리고 아이가 2~3개월에 목을 가눌 때까지 부모가 아이의 목을 잘 받치고, 따뜻하게 안아주는 것과 양육을 하는 과정에서 편안한 스킨십을 느끼게 해 주는 것이 좋습니다.

두 번째, 시각 자극이 필요합니다. 갓 태어난 아이는 처음에는 눈을 잘 뜨지도 못하고, 초점을 맞추지도 못합니다. 그러나 1개월 정도가 지나면 서서히 눈 맞추기가 가능해지고, 흑백을 구분할 수 있습니다. 그래서 흑백으로 된 초점책이나 모빌을 보여주는 것이 좋다고 하는데, 누워있는 아이에게는 책보다는 모빌이 보기에 더욱 편한 자극입니다. 모빌은 아이가 45° 각도로 편하게 볼 수 있도록 아이 배꼽 위 정도에서 왼쪽과 오른쪽으로 방향을 달리하며 보여주는 것이 좋고, 당연히 형광등 불빛이 아이 눈에 직접적으로 닿지 않도록 해야 합니다. 그리고 무엇보다 중요한 것은 아이의 가시거리에 맞게 20~30cm 정도의 높이에 달아야 합니다. 아이는 3개월 정도가 되면 원색을 구분할 수 있고, 처음에는 패턴을 선호하지만, 점점 사람의 얼굴 형태를 선호하게 되므로 이에 맞춰 원색과 사람 얼굴 그림으로 모빌을 바꿔 달아주는 것이 좋습니다. 모빌을 달아준 후 부모는 꼭 한 번은 아이처럼 누워서 모빌을 바라보길 바랍니다. 모빌에 달려 있는 인형들의 각도에 문제가 있을 경우 아이는 하루 종일 인형의 발바닥이나 배만 보게 되기 때문입니다. 인형을 달아준다면 아이가 다양한 방향으로 인형을 볼 수 있도록 해 주어야 합니다.

세 번째, 청각 자극이 필요합니다. 청각은 태아기 때부터 발달하는 감각이라 부모가 태담을 많이 들려준 아이라면 태어난 직후 부모가 건네는 인사말에 반응까지 할 수 있습니다. 이러한 아이에게 청각 자극을 줄 때에는 아이가 놀라지 않도록 놀잇감을 보여준 후 소리를 들려주어야 하고, 소리도 크지 않고 편안해야 합니다. 그래서 부모는 모빌을 보여준 후 소리를 들려주어야 하고, 딸랑이도 아이에게 보여준 후 흔들어 소리를 들려주어야 합니다. 가끔 이 시기의 아이가 손으로 쥘 수 있다고 해서 딸랑이를 손에 쥐여주는 경우가 있는데, 아직은 의도 있게 쥐는 것이 아니라서 팔을 흔들다 자기 얼굴이나 몸에 딸랑이를 떨어뜨려 다칠 수 있으므로 주의가 필요합니다. 만약 아이가 손을 뻗어 소리 나는 딸랑이를 쥐려고 한다면 부모가 같이 쥐고 흔들며 놀이를 하는 것이 안전합니다.

뒤집고 배밀이 하는 아이

아이마다 개인차가 있지만 4~6개월 정도가 되면 뒤집기를 하고, 배밀이를 시작합니다. 뒤집고 배밀이를 시작하면 아이는 정말 신세계에 빠져들게 됩니다. 그동안 누워서 보던 것들을 엎드려서 보게 되니 완전히 다르게 보이고, 조금만 힘을 내어 움직이면 원하는 것을 만져볼 수도 있기 때문입니다. 이제부터는 보고 듣는 것에서 보고 듣고 만질 수 있는 것으로 놀이 자극이 바뀌는 시기입니다.

첫 번째, 편안하고 안전한 놀이 공간이 필요합니다. 누워있는 아이도 절대로 가만히 있지 않지요. 하루 종일 팔다리를 버둥대고, 기지개를 켜듯 용을 쓰고, 몸을 비틀기도 합니다. 모두가 다 아이 스스로 자기의 신체를 인지해 나가는 과정입니다. 이런 과정을 통해 자연스럽게 운동 능력이 발달하게 되어 뒤집을 수 있고, 배밀이를 하게 되는 것입니다. 그래서 뒤집고 배밀이를 하도록 하는 신체 자극은 부모가 의도적으로 주는 것이 아니라 아이 스스로 하는 것이므로, 아이가 안전하게 움직일 수 있도록 집 안을 안전하게 만드는 것이 부모가 할 일입니다. 아이가 뒤집고 배밀이를 할 때 바닥에 매트를 깔아주는데, 매트의 단차로 인해 아이가 바닥으로 굴러떨어지지 않도록 주의해야 하고, 뒤집기를 하다가 힘들어 투정을 부릴 때에는 부모가 아이를 편한 자세로 눕혀 주며 움직임에 대해 칭찬을 해 주어야 합니다. 그리고 이 시기의 아이는 누워있을 때에도 발차기와 같은 움직임이 많고, 발을 입으로 가지고 가서 빨기도 합니다. 발로 놀잇감을 차거나 건드려 소리를 들을 수 있는 놀잇감도 좋습니다.

두 번째, 평소 많이 보았던 친숙한 놀잇감이 필요합니다. 누워있을 때 부모가 보여주고 손에 쥐어준 놀잇감이 있습니다. 아이에게는 나름 친숙한 놀잇감인데 이런 놀잇감을 내 의도대로 만지고 놀 수 있다면 정말 신기하고 재미있겠지요. 평소 부모가 많이 보여주었던 놀잇감을 아이 생활 공간에 꼭 준비해 주세요.

세 번째, 적당한 움직임이 있는 놀잇감이 필요합니다. 아이에게 너무 잘 굴러가는 공을 준다면, 겨우 배밀이를 하는 아이가 잡을 수가 없으니 놀이를 통한 즐거움보다는 좌절감을 더 많이 느끼게 됩니다. 그래서 조금 천천히 굴러가는 털실공 같은 것이 좋고, 공에 끈이 달려 있다면 조금만 배밀이를 하더라도 끈을 당겨 공을 가질 수 있어 더욱 만족스럽게 놀 수 있습니다. 그 외에도 오뚜기와 같이 제자리에서 움직이는 놀이 자극에도 무척 흥미를 보이게 됩니다.

네 번째, 입으로 촉감을 느낄 수 있는 놀잇감이 필요합니다. 이 시기의 아이는 이가 나기 시작합니다. 또한 입으로 세상을 탐색하는 시기이기도 합니다. 보통 부모는 다양한 질감과 강도를 가진 치아발육기를 사주는데, 아이가 치아발육기만 입으로 가져가지는 않습니다. 아이가 가지고 노는 모든 놀잇감을 입으로 가져간다고 생각하고 안전하고 깨끗한 상태로 준비해 주세요.

기고 앉고 잡고 서는 아이

보통 7~11개월 정도의 아이라면 기기를 시작으로 앉고 잡고 서기 정도의 발달을 보입니다. 아이는 기어 다닐 수 있어 움직임이 많아지고, 모방 능력도 발달해 부모의 행동을 따라하기도 합니다. 또 앉을 수 있게 되면서 손이 자유로워 조작 활동도 가능하게 됩니다. 이 시기는 조금 더 다양한 놀이 자극을 줄 수 있는 놀잇감이 필요합니다.

첫 번째, 다양한 형태와 질감의 놀잇감이 필요합니다. 말랑한 공, 부드러운 봉제인형, 유모차에 달린 구슬, 소리 나는 매트와 같이 오감으로 즐길 수 있는 안전한 놀잇감이라면 무엇이든 좋습니다. 단, 너무 비싸고, 정교해 망가질 것이 걱정된다거나, 세척이 어려운 놀잇감은 아이가 놀 때 부모가 예민해질 수 있으니 절대 금지입니다.

두 번째, 모방이 가능한 상호적인 놀잇감이 필요합니다. 아이가 놀잇감에 흥미를 많이 보인다고 해서 혼자 집중해서 놀 수 있도록 가만히 두는 것은 좋지 않습니다. 왜냐하면, 이 시기의 아이는 조금씩 모방 능력이 발달하고, 이 모방을 통해 세상을 학습하게 되므로 모방의 대상이 필요하기 때문입니다. 예를 들어 집에 구슬롤러코스터가 있다면 아이는 처음에 어떻게 놀이를 하는지 몰라 만져보기만 할 것입니다. 이때 부모가 구슬을 굴리며 "또르르."라고 말을 하면 아이는 옹알이를 하고, 행동을 따라 하며 조작 행동을 하게 됩니다. 이런 모방과 조작 행동을 통해 언어와 인지, 소근육의 조절 능력 등이 발달하게 됩니다.

세 번째, 안전한 신체 놀이를 돕는 놀잇감이 필요합니다. 아이는 호기심이 점점 많아지는데 비해 몸을 움직일 수 있는 건 한계가 있으니, 신체 놀이가 가능한 놀잇감의 도움으로 더 많은 움직임을 경험하고, 호기심을 채워나갈 수 있습니다. 그리고 또 다른 이유는 안전 때문입니다. 부모가 집에 있을 때에는 아이만 돌보는 것이 아니지요. 집안일도 해야 하고, 잠깐 화장실도 다녀와야 하는데, 이럴 때 아이를 안전하게 보호할 수 있는 놀잇감이 필요하게 됩니다. 그래서 쏘서, 점프루, 보행기와 같은 놀잇감을 사용하는데, 사용 시간은 1회 10~20분 정도로 짧게 사용하는 것이 좋습니다. 아직 척추가 덜 발달한 아이가 장시간 사용하게 되면 무리가 될 수 있기 때문입니다. 그리고 아이의 키에 맞추어 높낮이를 잘 조절해 자세가 편안하도록 배려해야 합니다.

서고 걷는 아이

10~15개월의 아이는 서고 걸을 수 있습니다. 이 시기에 필요한 것은 아이의 움직임을 돕고, 커지는 호기심을 충족해 줄 수 있는 놀잇감입니다.

첫 번째, 걸음마를 돕는 놀잇감이 필요합니다. 서고 걸으려는 욕구가 강한 아이이므로 안전하게 밀며 걸을 수 있는 놀잇감이 좋습니다. 물론 더 좋은 건 손을 잡고 한 걸음씩 같이 걸어주고, 한 걸음 뗄 때마다 웃어주고 칭찬해 주는 부모입니다.

두 번째, 조작 활동이 가능한 놀잇감이 필요합니다. 쌓고 무너뜨릴 수 있는 블럭, 넣고 빼기를 할 수 있는 모양 도형, 두드리며 소리를 들을 수 있는 북과 같은 악기, 보고 만지고 소리를 들을 수 있는 감각 책 등이 아이의 흥미를 유발하고, 눈과 손의 협응력이나 인지능력 등을 자극하게 됩니다.

세 번째, 사회적 행동을 모방하며 놀 수 있는 놀잇감이 필요합니다. 부모가 전화기를 들고 "여보세요?"라고 말하거나, 피자를 들고 "얌얌얌" 먹는 척을 하면 아이는 이를 모방해 놀이를 하며, 자연스럽게 생활 습관, 감정, 언어를 익히게 됩니다. 7개월 된 아이의 모방이 단순한 행동 모방이라고 한다면, 이 시기 아이의 모방은 '의도'를 이해하는 모방이라는 차이가 있습니다.

첫 돌부터 세 돌까지의 아이

출생 직후에 누워있던 아이가 첫 돌 정도가 되면 서서 걷는 획기적인 운동 발달을 하게 됩니다. 짧은 기간 동안 여러 단계의 발달이 이루어지므로, 그에 적절한 자극을 줄 수 있는 놀잇감도 상대적으로 다양한 종류가 필요합니다. 그러나 첫 돌부터 세돌까지의 아이는 가지고 있던 운동 능력이 더욱 세분화되고 정교화되는 과정을 거치는 것이지, 없던 운동 능력이 새롭게 생기는 것은 아닙니다. 따라서 새로운 놀잇감이 필요하다기보다는 기존의 놀잇감이 조금 더 복잡해지는 특징이 있습니다. 예를 들면 1조각 퍼즐 맞추기가 5조각 퍼즐 맞추기가 되고, 가지고 놀던 블럭의 크기가 작아지고, 한 페이지에 1줄 있던 글이 5줄로 늘어납니다. 따라서 놀잇감 종류의 다양화가 중요하지는 않습니다.

그러나 놀이를 하는 방법에 있어서는 질적인 변화가 나타나 누구와 어떻게 노느냐가 중요해지는 시기입니다. 아이는 돌이 되면 독립적으로 걷고, 한 단어를 사용해 의사소통을 할 수 있습니다. 두 돌이 되면 언어의 폭발 시기를 맞이하며, 언어표현이 급증하고, "이거 뭐야?"와 같은 질문을 쏟아내기 시작합니다. 그리고 뇌발달의 민감기를 맞아 뇌가 급격히 발달하게 됩니다. 세 돌이 되면 애착을 완성하고, 친구에 대한 관심이 생기기 시작합니다. 그리고 일상생활에서 사용하는 언어를 대부분 이해하고, 기본적인 생활습관을 형성해 나갑니다. 이런 발달에 가장 중요한 것은 아이 스스로의 의지에 따라 경험하고, 사람과 상호작용을 하는 것입니다. 따라서 아이 주도의 다양한 호기심 충족과 사람과의 즐거움을 경험할 수 있는 놀이가 좋습니다.

이 시기의 아이에게 좋은 놀이는 첫 번째, 바깥놀이입니다. 걷고 뛸 수 있는 운동 능력을 가지고 있어 하루 종일 움직이고, 집 밖의 공간에 대해서도 흥미를 보입니다. 그래서 놀이터에서 놀이를 하거나, 산책을 하며 자연과 계절의 변화 등에 대해 느끼도록 하는 것이 좋습니다.

두 번째, 책 읽기입니다. 이 시기는 언어발달이 많이 이루어지는 시기입니다. 다양한 언어적 자극이 필요한데, 가장 좋은 것은 부모와의 대화이고, 다음으로 좋은 것이 책입니다. 책을 통해 간접 경험을 하며 상황별 언어표현과 올바른 생활습관을 익힐 수 있습니다.

세 번째, 찾기 놀이입니다. 두 돌이 지나면 아이는 '대상연속성'이라는 것이 생깁니다. 대상연속성은 눈에 보이지는 않지만 사라진 것이 아니라는 것을 아는 것입니다. 대상연속성이 없는 아이와 부모가 숨바꼭질을 하면 아이는 부모가 보이지 않을 때 불안해하고 울겠지만, 대상연속성이 생긴 아이라면 불안해하지 않고 상황을 이해하며 부모를 찾을 수 있습니다. 그렇다고 하더라도 부모가 너무 꼭꼭 숨어버리면 안 되겠지요? 쉽게 찾을 수 있는 곳에 숨어서 아이가 부모를 찾을 때 성공감을 맛보게 해 주어야 합니다. 그리고 놀이터와 같은 열린 공간에서 숨바꼭질은 위험하니 절대 금지입니다. 이와 비슷하게 물건을 숨기고 찾는 놀이도 매우 흥미를 보입니다.

네 번째, 조작놀이입니다. 아이의 손과 발의 움직임이 더욱 자유롭고 정교해지고 있습니다. 자신의 신체를 움직여 스스로 무언가 할 수 있다면 정말로 신기하고 스스로가 대단해 보이겠지요. 그래서 넣고 빼고 꽂고 쌓고 무너뜨릴 수 있는 블럭이나 퍼즐 같은 조작이 가능한 놀이에 흥미를 보이고 매우 좋아합니다. 그리고 아이가 싱크대에서 냄비들을 다 꺼내고, 자신이 들어가 앉아 있기도 하고, 서랍장을 열어 물건을 넣고 빼고를 반복하다 부모의 중요한 물건이 사라져 찾는 데 애를 먹기도 하지요. 이것 또한 아이가 조작에 대한 흥미와 욕구가 있다는 증거입니다.

다섯 번째, 모방놀이입니다. 아이는 모방을 통해 학습을 합니다. 아이는 놀이 중에 부모가 하는 행동을 모방하기도 하지만 일상생활에서 보고 들은 모든 것들을 기억하고, 행동과 말로 표현하게 됩니다. 아이가 좋은 행동과 말을 배울 수 있도록 부모가 모델링을 해 주어야 합니다.

지능계발에 도움된다는 놀잇감, 진짜 효과가 있나요?

물론 효과가 있습니다. 모든 자극은 뇌를 거쳐 발달을 이루게 되니까요.

☑ 지능을 계발하기 위해 놀이를 할 필요는 없습니다.

"이 놀잇감을 가지고 놀면 지능계발에 도움이 됩니다."라는 말은 "밥 먹으면 키가 큽니다."라는 말과 같은 의미입니다. 그런데 우리가 밥을 먹을 때 키만 크려고 먹지는 않지요. 맛있으니까 먹고, 배고프니까 먹었는데 어느 날 보니 키가 자라 있는 것입니다. 이처럼 놀잇감을 가지고 놀다 보면 지능도 계발되고, 신체도 발달하는 것입니다. 따라서 지능을 계발하기 위해 특정 놀잇감을 사용해 놀이를 할 필요는 없습니다.

☑ 아이의 호기심을 자극하는 놀잇감이 좋습니다.

뇌는 능동적인 자극을 통해 사용하는 만큼 발달합니다. 따라서 어떤 놀잇감이라도 아이의 호기심을 자극해서 놀게 한다면 충분합니다.

모든 물건은
놀잇감이 될 수 있어요.

아이가 좋아하는 놀잇감은 꼭 가게에만 있는 건 아니니까요.

　아이의 발달에 따라 필요한 놀이 자극에 대해 알게 된 부모는 '어떤 놀잇감을 사줘야 할까? 몇 개를 사줘야 하나?'하고 고민을 하게 됩니다. 그리고 놀잇감이 잘 갖추어진 옆집 아이의 놀이방을 보면 괜히 신경이 쓰이기도 하지요. 하지만 절대 이러지 않아도 됩니다. 아이가 좋아하는 놀잇감은 꼭 가게에만 있는 건 아니니까요.

　아이가 이가 날 때 치발기를 사주지요? 그런데 아이는 치발기만 물고 빠는 게 아닙니다. 빨래를 개려고 할 때 옆에서 양말을 물고 빨고 있고, 이유식을 준비하려고 그릇을 꺼내 놓으면 그릇을 물고 빨고 있습니다. 또 아이가 호기심에 스마트폰을 달라고 하는데 진짜 스마트폰을 줄 수 없어 놀잇감 스마트폰을 사주면, 잠시 놀잇감 스마트폰에 관심을 보이다가도 금세 부모의 스마트폰을 다시 달라고 합니다. 모방 능력이 발달하는 아이는 놀잇감으로 만들어진 것보다 부모가 사용하는 진짜 물건을 더 좋아하기 때문입니다. 따라서 집 안의 모든 물건이 안전하고, 깨끗한 상태만 유지한다면 모두 좋은 놀잇감이 됩니다. 하지만 아이는 어리기 때문에 가지고 놀아도 되는 것과 그렇지 않은 것을 구분하기 어렵습니다. 그래서 가끔 안전사고가 나기도 합니다. 따라서 안전하게 다양한 집 안의 물건을 가지고 놀이를 하려면 3가지 지켜야 하는 것이 있습니다.

　첫 번째, 아이가 가지고 놀아도 되는 일상의 물건을 정리해서 모아 둡니다. 모든 물건이 놀잇감이 되면 집 안이 엉망이 되기도 하고, 중요한 물건이 없어지거나 망가질 수도 있습니다.

그래서 놀잇감 바구니를 준비하고, 그 안에 아이가 가지고 놀아도 되는 물건을 넣어주면 됩니다. 가끔은 엄마 아빠처럼 장식장 서랍에 자기 물건을 넣으려고 하는 아이도 있습니다. 이럴 때에는 장식장 아래 한두 칸을 비워 아이의 놀잇감 서랍으로 만들어 주는 게 좋습니다. 그리고 반드시 놀잇감 바구니에 있거나 놀잇감 서랍장에 있는 놀잇감만 가지고 놀도록 알려주어야 합니다.

두 번째, 위험한 물건은 반드시 놀잇감으로 대체합니다. 아이가 엄마 아빠처럼 진짜로 요리를 하고 싶어 한다고 해서 위험한 칼과 같은 조리 도구를 줄 수 없지요. 그리고 자동차를 좋아한다고 해서 진짜로 운전대를 잡게 할 수는 없지요. 이러한 위험한 물건은 반드시 놀잇감으로 만들어 놓은 것을 사서 주고, 놀잇감으로만 놀이를 할 수 있다는 것을 알려주어야 합니다.

세 번째, 첫 번째와 두 번째 원칙을 부모가 반드시 지켜야 합니다. 아이는 원하는 것을 정말 강력하게 달라고 합니다. 부모는 분명 처음에는 아이에게 설명을 해 주고, 안 된다고 말도 할 것입니다. 그러나 아이의 계속되는 떼에 지치게 되면 부모는 아이가 원하는 것을 줄 때가 있습니다. 이러면 아이가 안전하게 놀이를 하기 어려우니 반드시 놀잇감의 원칙을 지켜야 합니다.

 15개월 아이입니다. 아이랑 놀고 싶은데, 아이가 놀잇감을 이것저것 만지고 다른 곳으로 가버려서 놀 수가 없어요. 너무 산만한 거 아닌가요?

 발달적으로 산만한 것이 당연한 시기입니다.

✅ **아이의 탐색 활동을 존중해 줍니다.**

선택한 놀이에 집중해서 놀면 좋겠지만, 아직은 그 정도의 의미 있는 놀이를 하지 못합니다. 가장 중요한 것은 주변에 관심을 가지고 탐색을 얼마나 하느냐 하는 것입니다. 다행히 탐색 활동은 많은 것 같습니다. 탐색 활동을 충분히 할 수 있도록 시간을 주세요. 그리고 아이의 호기심을 자극할 수 있는 생활 속 놀잇감이 있다면 아이가 잘 볼 수 있는 곳에 놓아두거나, 부모가 놀이를 하는 것을 보여주는 것이 좋습니다.

✅ **아이의 탐색 활동에 대해 반응해 줍니다.**

아이가 기린 인형을 꺼내 왔다면 "기린이네. 목이 정말 길다."라고 말해 줍니다. 그리고 잠시 후 다시 소방차에 관심을 보인다면 "애앵~ 소방차. 비켜주세요. 빨리 가야 해요."라고 말해 줍니다. 부모가 아이의 놀이에 관심을 보이고 반응해 주면 아이도 자연스럽게 그 반응에 재미를 느끼면서 놀이를 따라 하게 됩니다.

재밌는 놀이에는
원칙이 있어요.

아이를 집중시키고, 재밌게 놀기 위해서는 반복성, 예측가능성, 의외성의 원칙을 잘 기억해야 합니다.

　놀이는 즐겁기 위해 하는 것이지만, 그냥 논다고 해서 다 즐거운 것은 아닙니다. 그리고 부모가 아이와 놀려고 해도 아이가 한 가지 놀이를 의미 있게 하기도 어렵습니다. 아이를 집중시키고, 재밌게 놀기 위해서는 반복성, 예측가능성, 의외성의 원칙을 잘 기억해야 합니다.

　아이와 부모가 까꿍놀이를 하고 있습니다. 부모는 두 손으로 얼굴을 가리며 "나 없지~롱." 이라고 말하자 아이는 부모를 멀뚱히 쳐다보고 있습니다. 그러다 부모가 얼굴을 가린 손 오른쪽으로 얼굴을 내밀며 "까꿍."이라고 하자 아이는 부모의 얼굴을 보고 까르르 웃습니다. 까꿍놀이를 반복할 때마다 아이는 재밌어하고, 웃음으로 즐거움을 표현합니다. 처음에 놀이를 할 때에는 반드시 반복적으로 해야 합니다. 왜냐하면 놀이를 할 때마다 놀이가 새롭다면 아이는 놀이를 이해하지 못해 재미가 없기 때문입니다. 이것이 '반복성'입니다.

　반복을 통해 놀이 방법을 익힌 아이라면 부모가 손으로 얼굴을 가리기만 해도 잠시 후 부모가 어느 쪽으로 얼굴을 내밀며 재밌는 까꿍놀이를 하는지 예측하게 되고, 자신이 예측한 반응이 있을 때 재미를 느끼게 됩니다. 이게 바로 '예측가능성'입니다. 그런데 늘 똑같은 놀이를 하면 재미가 반감되겠지요. 그래서 부모가 이번에는 조금 다르게 왼쪽으로 얼굴을 내밀며 "까꿍."을 외치면 아이는 두 배로 더 재밌어합니다. 자신이 예상했던 것과는 다른 반응이 신기하고 놀라우니까요. 이게 바로 '의외성'입니다. 의외성은 그동안 하던 놀이를 아주 조금 바꾸는 것입니다. 너무 많이 바꾸면 다른 놀이가 되고, 아이가 놀이를 이해하지 못해 재미가 없으니 약간의 의외성임을 기억해야 합니다.

이렇게 부모와 까꿍놀이를 재밌게 한 아이는 나중에 자기가 까꿍놀이를 만들기도 합니다. 부모가 했던 것처럼 손으로 얼굴을 가리고 왼쪽 혹은 오른쪽으로 얼굴을 내밀 거예요. 이럴 때 부모는 반드시 아이가 했던 것처럼 예측한 방향으로 얼굴이 나오면 웃어주고, 다른 방향으로 얼굴이 나오면 더 많이 웃어주며 재밌게 놀면 됩니다.

쌤에게 물어봐요!

아이랑 놀고 싶은데, 놀이를 얼마나 해야 할지 모르겠어요. 놀이가 너무 짧게 끝나는 것 같아서 신경이 쓰입니다.

아이와의 놀이는 당연히 짧습니다. 아이의 집중력이 짧고, 아이의 인지능력에 맞춰 놀려면 당연히 단순한 놀이를 할 테니까요.

✅ **시간은 중요하지 않습니다.**

놀이 시간을 중요하게 생각하는 것은 부모이지 아이가 아닙니다. 아이는 시간 개념이 없으니까요. 1분도 좋고, 5분도 좋습니다. 즐겁게 놀이를 했다면 충분합니다.

✅ **자주 놀이를 합니다.**

짧은 놀이라도 자주 한다면 그만큼 부모와 아이가 즐거운 시간을 많이 가지게 됩니다. 자주 놀이를 하면 좋겠습니다.

또래랑 노는 건
어려워요.

아이의 사회성이 부족한 것이 아니라 아직 또래와 놀 준비가 안 되었기 때문입니다.

　'어떻게 하면 또래와 잘 놀 수 있을까?' 이런 고민을 하는 부모가 많습니다. 특히 요즘은 외동이 많기 때문에 또래놀이의 중요성이 더 커지고 있습니다. 그래서 또래와 놀게 해 주려고 키즈카페에 가고, 문화센터에 가는데, 막상 아이는 또래를 만나도 별 반응이 없지요. 안타까운 마음에 부모가 나서서 같이 놀게 해 주려고 해도 아이들은 뿔뿔이 흩어져 자기만의 놀이를 합니다. 이는 아이의 사회성이 부족한 것이 아니라 아직 또래와 놀 준비가 안 되었기 때문입니다.

　아이의 놀이는 연령에 따라 발달하게 됩니다. 돌 이전의 아이는 손이나 발을 입에 넣고, 집 안을 어슬렁거리기고, 가끔은 놀잇감에 관심을 보이며 잡고 흔드는 행동을 합니다. 그런데 아직 이런 행동에는 목적이 없고, 놀이를 하려는 의도도 없습니다. 돌 이후부터는 아이의 움직임이 조금 더 자유로워지면서 집 안을 누비며 놀이를 하지만 아직은 한 가지 놀잇감에 집중을 하기도 어렵습니다. 만져보고, 빨아 보고, 흔들어 보는 등의 단순 탐색 활동을 하고, 주변에 또래가 있으면 잠시 쳐다보기는 하겠지만, 더 이상 관심을 보이거나 다가가려 하지 않습니다.

　조금 더 자라 두 돌 정도가 되면 자신의 놀잇감에 집중을 하게 되지만, 여전히 또래에게 반응을 보이지는 않습니다. 만약 또래가 자신의 놀잇감을 만지기라도 하면 자기 놀이를 방해한다고 생각해서 울거나 또래를 밀어내며 화를 내게 됩니다. 그리고 세 돌 정도가 되면 또래와 같은 공간에서 서로의 놀잇감을 가지고 놀지만, 같이 놀이를 하지는 않습니다. 다만 관심 있는 놀잇감을 중심으로 모여 잠시 놀다가 흩어지는 반응을 보이기도 하고, 자주 만나는 또래에 대해 친근감을 나타내기도 합니다. 하지만 의도 있게 함께 놀이를 하지는 않습니다.

당연히 부모는 이 시기의 아이에게 사이좋게 놀라고 하면 안 되겠지요. 같은 공간에서 따로 놀이를 하고, 가끔은 함께 놀이를 하는 것에 만족해야 합니다. 또한 놀다가 아이들끼리 다툼이 생기면 잘잘못을 가리고, 가르치고, 화해하는 등의 훈육은 큰 의미가 없습니다. 이는 부모들 간의 서로를 배려하는 차원의 행동일 뿐입니다. 아이들 간에 다툼이 생길 때에는 아이들을 분리하고, 각자의 부모가 다독여 주는 것이 좋습니다.

쌤에게 물어봐요!

문화센터에 가면 친구가 들고 있는 놀잇감을 달라고 떼를 씁니다. 안 된다고 타이르고, 아이가 좋아하는 놀잇감을 들고 가봤는데, 해결이 안 되고 있습니다. 친구 엄마를 보기도 너무 민망하고, 어쩌죠?

친구 놀잇감이 더 좋아 보이나 봅니다. 조급하게 생각하지 말고, 천천히 해결해 보도록 하겠습니다.

✔ **친구의 놀잇감이라는 것을 꼭 알려줍니다.**
친구의 놀잇감이라고, 너의 것이 아니라고, 매번 알려주고 타일렀을 것인데, 아이의 행동이 변하지 않은 이유는 양육을 잘못한 것이 아니라 아이가 아직 잘 모르기 때문입니다. 반복해서 설명하고 가르쳐 주세요. 그다음은 시간이 해결해 준답니다.

✔ **친구 엄마가 놀잇감을 잠시 빌려주는 일은 없어야 합니다.**
아이가 친구의 놀잇감을 가지고 싶다고 떼를 쓰면 친구 엄마가 자신의 아이의 놀잇감을 가지고 와서 아이의 손에 쥐여주기도 하지요. 이런 상황이 생기면 아이는 떼를 쓰면 친구 엄마가 놀잇감을 준다고 생각해 떼를 계속 쓰게 됩니다. 절대로 이런 일이 없도록 해야 합니다.

✔ **떼를 멈출 때까지 아이를 다른 공간으로 데리고 갑니다.**
주변에 사람이 있으면 아이가 부모의 훈육에 집중하기 어려워집니다. 그리고 계속 떼를 쓰는 아이로 인해 부모도 민망해집니다. 아이를 다른 공간으로 데리고 가서 진정을 시키고 데려오면 됩니다. 아이의 떼에 절대로 부모가 지지 않아야 합니다.

가장 좋은 놀이 친구는
부모예요.

아이가 가장 좋아하고, 가장 긴 시간을 보내는 사람이 부모이기 때문입니다.

　아이는 스스로의 호기심에 의해 놀이를 하기도 하지만, 많은 부분을 놀이 친구를 관찰하고 모방하며 놀이를 합니다. 그런데 세 돌 전에는 또래에게 관심과 흥미가 별로 없지요. 그렇다면 세 돌이 지날 때까지 기다리기만 하면 또래에게 관심이 생기고 놀이를 통해 친해지며 친구가 될 수 있을까요? 그렇지는 않습니다.

　세 돌 이전에 아이에게 가장 좋은 놀이 친구는 '부모'입니다. 아이가 가장 좋아하고, 가장 긴 시간을 함께 보내는 사람이 부모이기 때문입니다. 부모가 아이에게 웃으며 말을 걸어주고, 안아주고, 놀이를 하는 상호작용을 할 때 아이는 부모와의 상호작용과 놀이에 대해 즐거움을 느끼게 됩니다. 그리고 부모에게 수용되고 사랑받는 경험을 통해 긍정적인 자아상과 높은 자존감을 만들게 됩니다. 이렇게 부모와의 놀이를 통해 즐거운 경험을 한 아이는 조금 더 자라 세 돌이 지나면 서서히 또래에게로 관심이 확장되고, 함께 놀이를 하고 싶어지고, 마침내 친구를 만들게 됩니다. 따라서 아이가 또래에게 관심이 생길 때까지 기다리는 것이 아니라 부모와의 놀이를 통해 또래에게 관심을 가지게 도와주어야 합니다.

　놀이를 할 때 가장 중요한 것은 즐거움이므로, 아이가 부모와 놀 때의 즐거움을 기억할 수 있도록 자주 놀이 시간을 가져야 합니다. 그러나 놀이 시간이 길다고 좋은 것은 아닙니다. 오히려 너무 긴 시간 동안 놀려고 하면 부모의 체력과 집중력이 떨어져 놀이가 흐지부지 끝날 수도 있습니다. 짧은 시간이라도 집중해서 놀이를 하며 즐거움을 느끼고 기억할 수 있도록 일상적인 놀이를 하면 좋겠습니다.

쌤에게 물어봐요!

 저는 늦게 퇴근하는 아빠입니다. 퇴근을 하고 집에 들어가는 시간이 아이가 자려고 하는
시간입니다. 늦은 시간이라도 아이와 놀이를 해야 할까요?

 귀가를 한 후 예쁜 아이를 만나면 같이 놀고 싶지만, 잠시 놀이를 미루도록 하겠습니다.

✅ 늦은 시간에는 놀이를 하지 않습니다.

아이는 일정하게 자고 일어나야 건강하게 자기의 생활을 할 수 있습니다. 늦은 시간까지 놀다 보면 어쩔
수 없이 늦게 자고, 다음날 일어나는 것이 힘들어집니다. 주중에는 잠깐 안아주고, 짧은 대화를 한 후 재
워 주세요.

✅ 주말에 놀이 시간을 가집니다.

주말에는 시간이 여유롭지요. 낮 시간에 아이와 즐겁게 놀이를 합니다. 그리고 "다음 주 주말에 또 아빠
랑 재밌게 놀자."라고 아이와 약속을 하고 약속을 잘 지키면 충분합니다.

놀이를 통해
아이가 자라요.

아이의 발달은 하루하루 놀이가 쌓이는 만큼 차곡차곡 이루어지는 것입니다.

　아이는 놀면서 자란다고 합니다. 정말 놀기만 해도 자라는지, 어떻게 자라는지 알아보겠습니다. 아이와 부모가 공놀이를 하고 있습니다. 부모가 "공 간다. 떼구루루."라고 말하며 공을 굴려주면, 아이가 뒤뚱거리며 달려와 공을 잡습니다. 그리고 아이가 다시 공을 잡아 "공."이라고 말하며 부모에게 굴려주길 반복합니다. 아이는 공을 잡기 위해 달려와 잡고 또 공을 굴리는 행동을 합니다. 이런 움직임을 통해 대소근육이 발달하고, 신체의 조정능력과 협응능력도 발달합니다. 그리고 둥글고 떼구루루 구르는 놀잇감의 이름을 듣고, '공'이라는 것을 알게 되고, "공."이라고 말도 하게 되니 인지와 언어가 발달하게 됩니다.

　며칠 후 이번에는 부모가 풍선을 가지고 아이와 놀이를 합니다. 아이는 공과 비슷하게 생긴 모양새를 보고 풍선을 공이라고 생각해서 "공."이라고 말합니다. 자기가 가지고 있는 생각의 틀에 맞춰 생각한 것인데, 이 생각의 틀을 '도식'이라고 하고, 기존의 도식에 맞추어 생각하는 걸 '동화'라고 합니다. 그런데 놀이를 하다 보니 떼구루루 구르는 게 아니고 폴폴 날아다니다가 바닥에 떨어지는 것을 봤고, 부모는 "공이 아니고 풍선이야."라고 말해 줍니다. 그래서 아이는 공처럼 둥글게 생겼지만 만지면 느낌이 다르고 움직이는 모양이 다른 이것을 공이 아니라 풍선이라는 사실을 알게 됩니다. 자신이 가지고 있는 도식을 바꾸어 다른 것을 인지하게 되는 것을 '조절'이라고 합니다. 아이는 부모와 풍선 놀이를 하며 자신의 도식을 이용해 동화와 조절 과정을 거치며 인지가 발달합니다. 그리고 '풍선'이라는 것을 말로 표현하게 되어 언어가 또 한 번 발달하게 됩니다. 또한 부모와 자신이 한 번씩 번갈아 가며 공을 던지고 놀면서 자연스럽게 놀이방법과 규칙을 익혀 사회성이 발달하고, 서로 주고받는 웃음과 칭찬 속에서 정서발달도 이루어집니다.

이렇게 놀이를 통해 아이의 발달이 이루어집니다. 아이의 발달은 하루하루 놀이가 쌓이는 만큼 차곡차곡 이루어지는 것입니다. 아이와 즐겁게 놀이하며 부모는 행복감을 느끼고, 아이는 즐겁고 행복하게 자라게 됩니다.

쌤에게 물어봐요!

 아이가 매일 자동차만 가지고 놉니다. 잘 놀아야 잘 큰다고 해서 다양한 놀잇감을 주고 싶은데, 자동차만 가지고 노는 걸 보면 답답해집니다. 그냥 둬도 되나요?

 괜찮습니다. 자동차가 싫증 나서 그만 가지고 놀 때까지 충분히 놀 수 있도록 시간을 주세요.

✔ 충분히 즐겁게 놀았다면 다른 놀이를 찾게 됩니다.

아이는 지상 최대의 쾌락주의자입니다. 즐거움을 위해 매일 놀이를 하니까요. 지금은 자동차가 너무 재밌고 좋은 상태입니다. 충분히 놀고 나면 자연스럽게 다른 놀잇감을 찾게 되니 그냥 집중해서 충분히 놀도록 시간을 주면 됩니다.

✔ 집중력이 길러지고 있으니 방해하지 않습니다.

아이가 한 가지 놀잇감을 오래 가지고 놀면 놀수록 나름 놀 줄 안다는 뜻이고, 그만큼 집중력이 길러지고 있다는 뜻입니다. 부모 중에는 집중력을 키워주고 싶다고 하면서 짧은 시간에 여러 가지 놀잇감을 주는 경우가 있는데, 이럴 경우 한 가지에 집중하는 시간이 늘지 않아 오히려 산만해질 수 있습니다. 충분히 집중해서 놀도록 방해하지 않아야 합니다.

✔ 놀이 확장을 시도해 봅니다.

아이가 한 가지 놀잇감만 가지고 노는 것을 가만히 두고 보기 힘들다면, 부모가 같이 놀면서 놀이 확장을 해 보는 것이 좋습니다. 아이가 자동차를 가지고 놀고 있다면, 부모는 책이나 블록을 가지고 터널을 만드는 것입니다. 바닥에서만 달리던 자동차가 터널을 통과하며 놀게 되면 놀이가 더 풍성하고 재미있어집니다. 이를 '놀이 확장'이라고 합니다. 놀이 확장은 아이가 하고 있는 놀이에 덧붙여 노는 것이지 다른 놀이를 제시하는 것은 절대로 아닙니다.

셋 잘 놀기

책 놀이

- 책도 놀잇감이에요.
- 좋은 책을 골라요.
- 책을 읽어요.

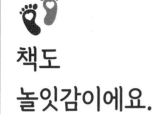

책도
놀잇감이에요.

세 돌 이하의 아이에게 책은 그저 놀잇감의 한 가지일 뿐입니다.

아이의 놀잇감은 생활 주변의 안전하고 청결한 모든 물건입니다. 그중 책도 좋은 놀잇감입니다. 그런데 보통 책은 읽는 것이라고 생각하지 가지고 노는 놀잇감이라고 생각하지 않는 경우가 많습니다. 그래서 책을 정말 책처럼 보여주려 노력하게 되는데, 어린아이에게는 정말로 어려운 일입니다. 세 돌 이하의 아이에게 책은 그저 놀잇감의 한 가지일 뿐입니다. 그렇다면 부모가 아이에게 책을 놀잇감처럼 가지고 놀 수 있게 해 주어야겠지요?

초점책

초점책은 아이가 태어나면서부터 만나는 흑백 그림으로 된 책으로, 주로 시각 발달을 위해 많이 사용합니다. 그렇다고 해서 꼭 누워있는 아이만 보는 것은 아니고, 아이가 자라 기어 다니고 앉아서 노는 시기에도 흥미를 보이며 가지고 놀 수 있습니다.

초점책에는 점, 선, 면이 크기별로 한 개 또는 여러 개 그려져 있고, 각도를 달리해 여러 가지 형태로 그려진 것도 있습니다. 재밌게 노는 방법으로는 그림을 손가락으로 짚으며 그림에 맞는 소리를 들려주는 것입니다. 예를 들어, 점이 그려져 있다면 부모가 손가락으로 점을 짚을 때마다 "톡, 콕, 찍."이라고 말해 주는 것입니다. 그리고 나선형이 그려져 있다면 부모가 손가락을 그림에 대고 따라 움직이며 "빙글빙글, 뱅글뱅글."이라고 말해 주는 것입니다. 놀이를 할 때 소리를 크고 작게, 움직임을 빠르고 느리게 변화를 주면 더욱 재미있습니다. 이런 놀이를 통해 아이는 그림의 형태뿐만 아니라 그림에서 소리와 움직임을 느낄 수 있어 더욱 재미있게 놀 수 있습니다.

목욕책

목욕책은 말 그대로 아이가 욕조에 앉아 목욕을 할 때 가지고 노는 책입니다. 당연히 아이가 욕조에 앉아 물을 첨벙거릴 수 있을 때 줄 수 있습니다. 목욕책을 주는 가장 중요한 목적은 목욕을 조금 더 편하게 하기 위함입니다. 물을 좋아하는 아이도 있지만 싫어하는 아이도 있기 때문에 억지로 울리며 씻기기보다는 아이 스스로 목욕 시간을 즐길 수 있도록 재밌는 목욕책을 주는 것입니다. 더불어 알록달록 예쁜 그림을 보고, 손으로 잡을 때 나는 소리를 들으며, 재미를 느끼고, 사물들에 대해서도 알게 됩니다. 이런 특징만으로도 아이에게 충분히 재미있고 유익한 것이지만, 더 흥미롭게 만드는 점이 있습니다. 비로 다른 책과는 완전히 나르게 물에 동동 뜬다는 것입니다. 다른 만큼 더 재밌게 놀 수 있습니다.

부모가 욕조에 물결을 만들어 목욕책이 움직이도록 해 줍니다. 움직임을 보면서 "출렁출렁 ~ 둥~둥."이라고 말을 해 주고, 아이와 함께 움직이는 목욕책 잡기 놀이를 합니다. 아이가 목욕책을 잡았을 경우 "우와~ 잡았다."라고 환호성을 질러 줍니다. 그리고 목욕책을 위에서 떨어뜨려 욕조물이 살짝 튀게 해도 재미있습니다. 이때 목욕책을 너무 높은 위치에서 떨어뜨리면 물이 많이 튀어 아이가 싫어할 수 있고, 보이지 않는 각도와 높이에서 떨어뜨리면 아이가 놀랄 뿐 재미가 없으니 위치를 잘 정해야 합니다. 또한 사람을 향해 던지지 않아야 한다는 것도 잘 가르쳐 주어야 합니다. 물결에 움직이는 목욕책을 잡으려 하는 과정에서 대소근육의 발달과 눈과 손의 협응이 발달합니다.

사물인지책

사물인지책은 사물을 그려놓고 그에 맞는 사물의 이름을 적어 놓은 책입니다. 그리고 사물의 특징을 나타내는 의성어나 의태어를 적어 놓기도 합니다. 사물인지책은 여러 가지 사물들이 섞여 있는 것이 아니라 종류별로 분류되어 있습니다. 예를 들면 동물, 식물, 탈 것, 먹을 것, 색, 가족, 직업 등입니다. 이렇게 분류되어 있는 것은 아이에게 학습을 시키는 것은 아니지만 사물을 조금 더 체계적으로 알려주기 위함입니다. 사물인지책을 통해 아이는 평소 잘 사용하지 않거나, 보기 어려운 사물에 대해서 익히게 되는 장점이 있습니다.

사물인지책은 처음에는 그림을 보고 의성어와 의태어를 들려주고, 이름을 알려주는 놀이를 합니다. 이때 억지로 따라하기를 강요하거나 기억하도록 반복할 필요는 없습니다. 놀이가 좋은 이유는 놀다 보면 자연스럽게 알게 되는 것이니까요. 의성어는 소리의 강약을 조절하며 들려주고, 의태어는 소리와 함께 몸짓으로 느낌을 전달해 주면 더욱 재밌게 놀 수 있습니다.

아이가 사물의 그림을 보고 이름을 알게 되면 이제는 그림 찾기 놀이를 합니다. 부모가 "~는 어디 있나?"라고 노래를 부르고, 아이가 그림을 손가락으로 짚으면 부모가 "여기."라고 합니다. 아이가 책을 통해서 그림 찾기를 잘하게 되면 다음으로는 놀이 공간을 책에서 집 안으로 확장해 책에 그려진 사물을 집 안에서 찾아보는 놀이를 할 수 있습니다. 아이가 사물을 잘 찾았을 때에는 "와~ 잘 찾네."라고 말하고 엄지척을 하며 칭찬을 해 줍니다. 만약 실수로 다른 사물을 찾았을 때에는 "어~ 아닌데~. 다시 찾아보자."라고 격려를 해 줍니다. 절대로 학습하듯이 가르치거나 못한다고 야단치지 않아야 합니다.

생활동화책

생활동화책은 아이가 일상생활에서 해야 하는 것들을 보여주고 가르쳐 주는 책입니다. 아이는 앉아서 밥을 먹는 것도 배워야 하고, 기저귀를 떼고 화장실 변기를 사용하는 것도 배워야 하고, 혼자서 옷을 입고 신발을 신는 것도 배워야 합니다. 배워야 하는 것들이 참 많지요. 이렇게 배워야 하는 것들을 자기 또래가 주인공으로 나오는 책을 통해 자연스럽게 익히고, 주인공이 한 것처럼 자신도 해 보고 싶은 욕구를 가지게 만들어 줍니다.

부모가 일상생활에서 해야 할 일을 말과 행동으로 가르쳐 주지만, 만약 어른의 언어라면 아이에게 어려울 수 있고, 때때로 칭찬을 잊어버릴 때도 있습니다. 그러나 책은 아이가 이해하기 쉬운 단순화된 그림과 이해하기 쉬운 말로 되어 있어 아이가 조금 더 쉽고 재밌게 익힐 수 있습니다. 그리고 책은 절대로 칭찬과 격려를 빠뜨리지도 않으니 아이가 잘하는 행동이 무엇인지 알게 되고, 칭찬을 받았을 때의 기분도 간접적으로 느낄 수 있어 올바른 행동을 하도록 동기를 부여합니다. 생활동화책은 아이에게만 도움이 되는 것이 아니라 부모에게도 도움이 됩니다. 책을 함께 읽는 부모는 책을 통해 아이에게 어떻게 말을 하고, 어떻게 가르치며, 어떻게 칭찬을 하는지 알 수 있기 때문입니다.

이렇게 좋은 생활동화책이지만 어떻게 읽고 놀이를 하느냐에 따라 좋을 수도, 안 좋을 수도 있습니다. 부모가 책을 재밌게 읽어주는 것이 가장 좋은데, 목표 행동을 정해 놓고 가르치겠다고 마음을 먹고 책을 읽어줄 때에는 동화책이 아니라 설명서가 됩니다. 그리고 책에서 본 행동을 아이가 생활 속에서 하지 않을 때 "동화책 주인공은 잘하던데, 넌 왜 못하니? 책에서 본 것처럼 해야지."라고 주인공과 비교하는 말을 하기도 합니다. 비교는 아이를 주눅 들게 하고 화나게 만드는 말이라 하지 않아야 합니다. 꼭 동화를 떠올리며 잘하도록 만들고 싶다면 이보다는 "엄마 아빠는 주인공처럼 치카해야지~."라고 말하고 재밌게 양치를 하는 모습을 보여주는 것이 훨씬 효과적입니다.

외국어 동화책

외국어 동화책을 읽어준다고 하면 '조기교육으로 외국어를 벌써 가르치는구나.'라는 생각이 들지요? 하지만 이제는 또 하나의 모국어로 읽어준다는 개념이 커지고 있습니다. 다문화가정이 늘고 있기 때문입니다. 엄마 나라와 아빠 나라가 다르니, 그 가정에는 엄마 모국어와 아빠 모국어가 존재합니다. 아이에게는 두 가지 모국어 환경에서 자랄 수 있는 기회가 생기는 것이지요.

한 개의 모국어 환경에서 자라는 아이도, 두 개의 모국어 환경에서 자라는 아이도, 외국어 동화책을 읽어줄 때 꼭 외국어를 가르치겠다는 것보다는 아이가 외국어에 자연스럽게 노출되고, 책을 읽으며 재미를 느끼는 기회를 조금 더 다양하게 제공한다는 의미로 생각하면 좋겠습니다. 외국어 동화책은 그 나라의 독특한 문화가 스며들어 있습니다. 한국 동화책을 읽어주는 것과 같이 재밌게 읽어주며 다양한 문화를 느껴보면 좋겠습니다.

저와 제 아내는 아이 교육에 관심이 많습니다. 그중에서도 책을 많이 읽어주려다 보니 책이 많이 필요합니다. 전 중고로 책을 사는 것도 괜찮은 것 같은데 아내는 싫다고 합니다. 나중에 둘째가 생기면 물려주면 된다고 꼭 새 책으로 사려고 합니다. 어떻게 해야 할까요?

아빠와 엄마의 생각이 다르지만 모두 맞으므로 조율만 잘하면 됩니다.

✅ 서로의 생각을 인정합니다.

서로의 생각이 다름을 인정합니다. 다름을 다름으로 인정하면 대화를 시작할 수 있지만, 다름을 틀림으로 생각하게 되면 서로 자신의 생각이 정답이라고 주장하게 되어 대화가 어렵습니다.

✅ 의견 조율이 필요합니다.

책을 읽기만 하면 괜찮은데 아이가 어릴 경우 물고 빨고 하는 책이 있을 수 있어 위생상태를 고려해야 합니다. 그리고 둘째까지 읽어줄 거라면 사는 것도 나쁘지 않습니다. 단, 과시용으로 사는 건 안 됩니다. 잘 상의하셔서 결정하면 좋겠습니다.

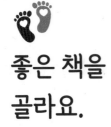

좋은 책을
골라요.

아이의 선택을 자주 받고, 아이가 읽어 달라하고, 읽는 중에 아이가 까르르하고 웃는 책이 좋은 책입니다.

좋은 책의 기준은 사람마다 다릅니다. 그러나 하나 분명한 건 자주 꺼내 읽게 되는 책이 좋은 책일 것입니다. 아이의 책도 마찬가지입니다. 아이의 선택을 자주 받고, 아이가 읽어 달라 하고, 읽는 중에 아이가 까르르하고 웃는 책이 좋은 책입니다.

책 선택에 도움을 주기 위해 좋은 책의 조건을 몇 가지 말하자면 첫 번째, 안전성입니다. 아이는 책을 만지기도 하지만 당겨서 찢기도 하고, 책장을 넘기다가 모서리에 찔리거나 베이기도 하고, 침을 흘려 망가뜨리기도 합니다. 그래서 어린아이들이 보는 책일수록 두꺼운 종이로 만든 것들이 많습니다. 책을 보호하기도 하지만 아이의 안전을 위해서입니다. 잘 찢어지지 않고, 날카로운 모서리에 다치지 않도록 안전한 책을 골라 주세요.

두 번째, 정확성입니다. 아이의 뇌는 보고 들은 것들을 스펀지처럼 흡수하기 때문에 왜곡이나 과장으로 잘못된 내용을 전달해서는 안 됩니다. 그래서 아이에게 읽어주기 전에 내용을 먼저 살펴보고, 잘못된 내용이나 표현이 없는지 확인해야 합니다.

세 번째, 감각자극입니다. 아이의 흥미를 유발하고, 내용을 정확히 전달하기 위해서는 감각자극을 활용하는 것이 효과적입니다. 분명 책을 덮어 두었을 때에는 평평한 일반적인 책이었는데, 펼치는 순간 커다란 사과가 나타나고, 예쁜 집이 펼쳐지고, 작은 종이를 움직이면 그림이 보였다 안 보였다 합니다. 그리고 종이책과 다르게 천으로 만들어 포근하기도 하고 까칠하기도 한 질감을 느낄 수 있는 헝겊책도 있습니다. 이런 감각적인 책들은 아이의 호기심을 자극하고, 책과 조금 더 친숙해지게 만드니 잘 활용하길 바랍니다.

네 번째, 공포감이 없는 책입니다. 아이가 특정한 자극에 공포감을 느낄 때가 있습니다. 만약 책에 짙은 회색의 커다란 쥐가 그려져 있다면 어른에게는 아무렇지 않지만, 아이는 공포감을 느낄 수 있습니다. 아이는 어른과 다르게 '물활론적 사고'를 하기 때문입니다. 물활론적 사고는 모든 것은 살아 있다고 생각하는 것입니다. 책에 있는 그림은 그림일 뿐이지만 물활론적 사고를 하는 아이는 진짜로 살아 있어서 자기에게 다가올 수 있다고 생각하기 때문에 공포감을 느낍니다. 아이가 공포감을 느끼거나 혹은 공포감까지는 아니지만 싫어하는 자극이 있다면 피하는 것이 좋겠습니다. 아이가 조금 더 자라 공포감을 느끼지 않을 때 보여주어도 충분합니다.

다섯 번째, 주제의 다양성입니다. 책의 수가 많은 만큼 주제도 정말 다양합니다. 아직은 아이가 어리기 때문에 대개 부모가 책을 골라서 읽어주게 됩니다. 이럴 경우 자칫 부모가 선호하는 주제만 집중적으로 읽어줄 수 있습니다. 그래서 주제를 다양하게 선택해 읽어주려는 노력이 필요합니다. 주제를 다양하게 선택해서 읽어주려고 할 때 가장 많이 선택하는 방법이 전집을 사는 것입니다. 전집을 사서 부모와 아이가 많이 읽으면 좋겠지만, 그렇지 않은 경우도 있습니다. 아이의 흥미를 고려해 전집을 살 수도 있고, 낱권으로 살 수도 있으니, 옆집 책장을 살피지 말고 아이의 책에 대한 흥미를 먼저 살펴주세요.

20개월 아이입니다. 책꽂이에 책을 꽂아 두었는데, 아이가 다 꺼내어 바닥에 늘어놓아 야단을 치게 됩니다. 어떡하죠?

 반복되는 일상에 지치지요. 아이 발달에 맞게 책을 준비하면 됩니다.

✅ **아이의 발달을 인정해 줍니다.**

아이가 넣고 빼는 것을 좋아할 시기입니다. 절대로 엄마 아빠를 힘들게 하기 위해 저지레를 하는 것이 아닙니다.

✅ **적당한 양의 책만 아이의 손이 닿는 곳에 준비해 둡니다.**

넣고 빼는 것을 좋아할 시기라고 하지만 아이가 너무 많은 책을 꺼내어 바닥에 늘어놓으면 집이 엉망이 되니 절대 안 되겠지요. 아이와 부모가 불편하지 않을 정도의 권 수만큼만 준비해 아이가 놀 수 있도록 해 주고, 나머지 책은 부모가 꺼내어 읽어줄 수 있는 곳에 올려두면 됩니다.

✅ **정리는 아이가 합니다.**

아이가 책을 가지고 놀았다면 당연히 책 정리도 아이가 해야 합니다. 아직 어리니 혼자서 정리를 하는 건 무리지만, 부모와 함께 정리하며 정리하는 습관을 조금씩 만들면 좋겠습니다. 함께 정리하고 칭찬받는 것도 아이에게는 즐거운 놀이입니다.

책을 읽어요.

아이가 책을 읽는 특징을 미리 알고 그에 맞게 책을 읽어줄 준비를 해야 합니다.

책 읽기라고 하면 부모가 책을 읽어줄 때 아이가 호기심에 가득 찬 눈빛으로 집중하고, 같이 소리 내 웃는 장면을 연상하겠지만, 실제 상황은 이와 많이 다릅니다. 아이가 책 한 권을 읽지 못할 수 있고, 책을 마구잡이로 넘기거나 밟기도 하니까요. 그래서 아이가 책을 읽는 특징을 미리 알고, 그에 맞게 책을 읽어줄 준비를 해야 합니다.

첫 번째, 한 권을 다 읽기 어렵습니다. 아이는 책 속 이야기에 시작과 끝이 있다는 것을 모르고, 한 권을 다 읽을 수 있을 만큼의 시간 동안 앉아 있는 것도 어렵습니다. 그래서 한 권을 다 읽기보다는, 단 몇 장이라도 본다면 그 자체만으로 충분합니다. 자동차를 가지고 놀다가 다른 곳으로 가서 비행기를 가지고 논다고 해서 아이를 데리고 와 다시 자동차 놀이를 더 하라고 하지 않는 것처럼 책을 보다 다른 곳으로 가면 "이제 그만 읽고 싶구나."라고 말하고 다른 놀이를 하도록 해 주면 됩니다.

두 번째, 책장을 한 장씩 넘기지 않습니다. 어른은 책을 한 장씩 넘기며 보지만, 아이는 아직 소근육의 발달이 미숙하기 때문에 한 장씩 넘기지 못하고, 또한 책을 한 장씩 넘기며 봐야 한다는 사실도 모릅니다. 아이가 여러 장을 넘겼을 때 부모가 다시 한 장씩 넘기며 볼 수 있도록 해 주면 좋겠지만 아이가 싫어한다면 아이가 펼친 페이지를 읽어주면 됩니다. 이를 위해서는 부모가 책의 전체적인 내용을 다 알고 있어야 자연스럽게 읽어줄 수 있습니다.

세 번째, 책도 가지고 노는 놀잇감입니다. 아이의 책은 네모 모양이 아닌 책이 많습니다. 자동차 책은 자동차 모양, 배변 훈련 책은 변기 모양입니다. 모양이 다양한 만큼 책 자체가 놀잇감이기도 합니다. 아이의 책은 즐거운 놀잇감이라는 사실을 꼭 기억하고 재미나게 노는 것이 좋겠습니다.

네 번째, 리듬감을 살려 읽는 것이 좋습니다. 아이의 책에는 "꿀꿀. 부릉부릉."과 같이 사람이나 동물, 사물의 소리를 흉내 내는 말인 '의성어'와 "뒤뚱뒤뚱. 팔딱팔딱."과 같이 움직임을 표현하는 말인 '의태어'가 많고, 반복되는 표현도 많습니다. 이런 부분에서 소리의 높낮이를 다르게 하고, 빠르고 느리게 속도를 조절해 읽어준다면 아이의 호기심을 자극하고 집중하게 만들어 책을 더 재밌게 읽을 수 있습니다. 의미 파악에 중점을 두어 열심히 읽기보다는 리듬감 있게 읽어주어 책에 관심을 가지며 책 읽기의 즐거움을 느끼게 해 주세요.

쌤에게 물어봐요!

 아이가 좋아하는 책 한 권이 있습니다. 그 책만 읽으려고 하는데, 괜찮은 건가요?

 아이는 그 책이 정말로 좋은가 봅니다. 문제 되지 않습니다.

✅ **아이가 좋아하는 책을 충분히 읽어줍니다.**
아이가 재미있어하면 충분히 읽어주세요. 충분히 읽으면 자연스럽게 다른 책에 관심을 보이게 됩니다.

✅ **새로운 책을 아이가 잘 볼 수 있는 곳에 준비합니다.**
아이가 좋아하는 책을 충분히 읽는 것도 중요하지만, 다양한 책을 읽어주려는 부모의 마음도 중요하지요. 새로운 책을 보여주고 싶다면 아이가 잘 볼 수 있는 곳에 책을 준비해 주세요. 아이가 오며 가며 보다가 흥미가 생기면 그 책도 읽게 됩니다. 단, 억지로 읽자고 하지는 말아주세요.

잘 씻기

목욕하기

- 목욕을 잘 할 수 있어요.

- 이 닦기도 중요해요.

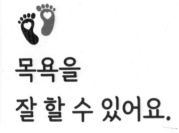

목욕을
잘 할 수 있어요.

제일 중요한 아이의 협조를 구해야 합니다.

아이의 목욕은 부모에게 아주 큰 과제 중 하나입니다. 목욕을 시키기 위해서는 목욕물과 실내 온도를 맞춰야 하고, 피부에 자극이 없는 비누와 로션을 준비해야 하며, 제일 중요한 아이의 협조를 구해야 합니다. 특히 아이를 목욕시키다 보면 부모가 온통 다 젖어 그 축축함을 잘 견뎌야 하기도 합니다. 그래서 목욕을 시킬 때마다 비장한 각오를 하는 부모가 많습니다. 아이는 처음에 어떻게 했느냐에 따라 앞으로의 적응과 협조의 정도가 달라지니 처음부터 최대한 편안하게 목욕을 시켜보겠습니다.

목욕 준비

목욕을 하기 위해서는 아이에게 필요한 비누와 수건, 로션, 기저귀나 속옷, 옷에 이르기까지 준비해야 하는 것들이 있습니다. 목욕을 하고, 물기를 닦고, 옷을 입는 공간마다 필요한 물품을 먼저 준비해야 합니다. 목욕할 때 아이가 협조를 잘해 주면 좋겠지만, 협조가 잘 안 되어 아이를 달래가며 목욕을 시켜야 할 경우가 많은데, 물품마저 제대로 준비가 안 되어 있다면 절로 짜증이 나 목욕이 힘들어집니다. 특히 돌 전의 아이는 10분 정도로 짧게 목욕해 지치지 않고, 감기에 걸리지 않는 것이 중요하므로 준비를 잘해야 합니다.

필요한 물품 준비가 잘 되었다면 부모의 마음 준비도 필요합니다. 목욕은 아이를 돌보는 것 중 최고의 난이도를 가지고 있습니다. 에너지가 많이 소모되기 때문입니다. 가끔 부모가 아이를 목욕시키는 것을 서로에게 미루는 경우가 있습니다. 아이가 말은 못 하겠지만 이 상황에 대해 얼마나 서운할까요. 그리고 미루다 어쩔 수 없이 목욕을 시키는 부모는 절대로 친절하게 목욕을 시키기가 어렵겠지요. 불편한 기분이 아이에게 고스란히 전해지지 않도록 조심해야 합니다. 아이 목욕을 시켜주는 것은 7살까지만 할 수 있는 일입니다. 그 이후는 아이가 스스로 목욕을 합니다. 그때까지만 즐겁게 목욕을 시켜주세요.

목욕 순서

아이의 목욕은 어른과 비슷한 순서로 한다고 생각하면 쉽습니다.

첫 번째, 얼굴과 머리를 먼저 씻깁니다. 이때 귀에 물이 들어가지 않도록 주의해야 합니다. 얼굴을 씻길 때는 부드럽게 닦고, 머리를 감길 때에는 아이 전용 비누로 감겨주고 헹굼을 잘 해 비누가 두피에 남아 있지 않도록 해야 합니다. 특히 머리를 감길 때 눈에 물이나 비누가 들어가는 일이 생길 경우 아이가 정말로 목욕을 싫어할 수도 있으니 각별히 조심해야 합니다. 돌 전의 아이는 가벼운 내의를 입히거나 옷을 벗긴 후 수건으로 온몸을 감싸 안정감을 느끼게 해 준 후 얼굴과 머리를 씻겨 주고, 욕조에 들어갈 때 내의나 수건을 벗기면 됩니다.

두 번째, 욕조에 들어가 몸을 씻습니다. 욕조에 들어가기 전에 손과 발에 물을 묻혀 놀라지 않도록 해 준 후 욕조에 들어갑니다. 아이가 다치지 않도록 몸을 잘 잡아야 하고 목과 겨드랑이 같이 접히는 부분을 꼼꼼히 씻겨야 합니다. 부드럽고 최대한 신속하게 목욕을 하는데, 욕조에 앉아 있을 수 있고, 물을 좋아하는 아이라면 감기에 걸리지 않는 범위 내에서 잠시 놀아도 좋습니다. 이때 부모는 꼭 아이 옆에 있으며 안전사고에 대비해야 합니다.

세 번째, 큰 수건으로 몸을 감싸고 잘 닦아줍니다. 목욕을 하고 나면 추위를 느낄 수 있습니다. 큰 수건으로 몸을 잘 감싸 감기에 걸리지 않게 해 주고, 편안한 상태로 로션을 바르고 옷을 입혀줍니다.

목욕은 온몸을 스킨십할 수 있는 좋은 기회이니 따뜻한 눈빛과 충분히 부드러운 손길로 해주길 바랍니다. 특히 아이가 목욕을 할 때 놀라지 않고 싫어하지 않도록 목욕의 모든 과정을 말로 설명해 주는 것이 좋습니다. "세수하자. 머리 감자. 욕조에 들어갈 거야."라고 말입니다. 그리고 목욕하는 동안 칭찬을 듬뿍해 아이가 목욕 시간을 칭찬받는 시간으로 알고 목욕을 잘 할 수 있도록 도와주세요. 아이가 목욕을 좋아한다면 하루의 마무리가 즐거워집니다.

신생아 목욕 주의사항

신생아는 모든 것이 조심스럽지만 특히, 목욕을 할 때 더 조심스러운 것이 있습니다. 바로 배꼽과 눈곱입니다.

배꼽은 출생 후 2주 내에 떨어지는데 그 전에 감염이 되지 않도록 잘 관리해야 합니다. 관리를 할 때 가장 중요한 것은 건조와 청결입니다. 배꼽이 걱정되어 목욕을 시켜야 하나, 말아야 하나 걱정하는 경우가 있는데 목욕을 해도 괜찮습니다. 단, 배꼽 주변의 물기를 잘 말려주고 필요한 경우 소독을 해 주면 됩니다.

눈곱은 자는 동안 눈 주변에 있는 점액, 각질, 피질 등의 분비물이 혼합된 것으로, 생기는 것이 자연스러운 일입니다. 그러나 신생아의 경우에는 눈물샘이 막히거나 감기에 의한 증상으로 생길 수도 있고, 세균 감염으로 생길 수도 있으므로 여러 날 계속된다면 소아과 전문의의 진료를 받아 보는 것이 좋습니다. 눈곱을 손으로 그냥 떼면 세균 감염의 우려가 커지고 아이가 아파하므로 따뜻한 물을 묻힌 거즈를 눈에 살짝 올려두어 눈곱을 불린 후 떼어 내는 것이 좋습니다. 그리고 눈곱을 거즈로 닦을 때 눈동자 가운데에서 바깥쪽으로 닦아 주면 닦는 동안 눈 전체가 오염되는 것을 방지할 수 있습니다. 목욕을 할 때는 눈곱이 자연스럽게 불려지므로 목욕을 할 때 떼어 주는 것도 좋습니다.

쌤에게 물어봐요!

 샤워를 매일 시켜야 하나요?

 매일 샤워를 꼭 할 필요는 없습니다.

✅ **청결을 유지해야 합니다.**
매일 샤워를 시키기에는 힘들고, 아이가 감기에 걸릴까 걱정이 되기도 합니다. 샤워를 매일 하느냐 보다 아이의 몸이 청결한지가 더 중요합니다. 평소 손과 발, 엉덩이를 자주 씻기거나 닦아 청결을 유지해 주세요.

✅ **샤워에 대한 기준을 세웁니다.**
며칠에 한 번씩 샤워를 시킨다거나, 어떤 상황에서 샤워를 시킨다는 기준을 세워주세요. 기준이 있다면 고민을 덜게 됩니다.

이 닦기도
중요해요.

6개월 전후로 아이가 이유식을 먹고 이가 나기 시작하면 이 닦기가 더 중요해집니다.

　처음에 하는 이 닦기는 '입 안 닦기'라 할 수 있습니다. 아이가 아직 이가 없어 이를 닦기보다는 잇몸, 입천장, 혀, 볼 등을 골고루 닦아주어 수유 후 입 안에 남아 있는 모유나 분유로 인해 발생하는 균을 제거하기 때문입니다. 아이의 입 안을 닦아 줄 때에 부모는 손을 깨끗하게 씻은 후 손가락에 가제 수건을 감아서 끓여 식힌 물이나 생수를 이용해 닦아줍니다. 입 안을 마사지 하듯이 닦아주는데 이때 자연스럽게 잇몸 마사지가 이루어져 치아 발달에도 도움을 줍니다.

　6개월 진후로 아이가 이유식을 먹고, 이가 나기 시작하면, 이 닦기가 더 중요해집니다. 특히 이가 난 아이는 부모의 손가락을 깨물기도 해 깜짝 놀란 부모가 아이에게 화를 내거나 엉덩이를 때리는 일이 벌어지기도 합니다. 아이는 아무것도 모르고 놀라 울게 되고, 앞으로 이 닦기가 더욱 힘들어질 수 있으니 조심해야 합니다. 아이의 청결과 안전하고 평화로운 이 닦기를 위해 실리콘 칫솔을 사용해도 좋겠습니다.

　돌 이후부터는 이가 많이 났으므로 칫솔과 치약으로 조금 더 꼼꼼히 이를 닦아야 합니다. 그런데 이 닦는 것을 좋아하는 아이는 거의 없습니다. 아이는 도망가고, 부모는 잡으러 가고, 부모에게 잡힌 아이는 억지로 울며 이를 닦는 일이 많은데, 이럴 경우 아이는 자란 후에도 이 닦는 것을 싫어할 수 있어 처음에 이 닦기 습관을 잘 들이는 것이 중요합니다.

　이를 잘 닦게 하는 방법은 아이가 좋아하는 캐릭터 칫솔을 준비하고, 부모가 이를 닦는 모습을 보여주며 이 닦기와 친숙하게 해 주는 것입니다. 혹 아이가 울며 닦더라도 부모는 절대로 화를 내거나 채근하지 말고 "얼른 닦자. 어~ 싫어 싫어. 다 했어. 깨끗해졌네. 너무 잘했어."라고 이 닦기를 알리고, 불편한 감정을 읽고, 과정을 설명하며 적응을 도와야 합니다. 절대로 무섭게 야단을 치거나, 아이를 억지로 눕히거나, 꽉 안고 닦이는 것은 하지 않아야 합니다. 그리고 아이가 양치물을 뱉는 것이 어려우므로 삼켜도 되는 아이 전용 치약을 준비하면 좋습니다.

쌤에게 물어봐요!

 아이가 자고 일어나면 가끔 혀에 하얀 것들이 끼어 있을 때가 있는데, 병원에 가야 할까요?

 며칠 지켜보고 계속된다면 소아과 진료를 받아 보는 게 좋습니다.

☑ **백태라면 청결하게 관리만 하면 됩니다.**
모유나 분유에 있는 특정 단백질 성분이 굳어지면서 혀에 달라붙는 것을 '백태'라고 합니다. 백태는 수유 후 거즈로 입 안을 잘 닦아주면 괜찮아집니다.

☑ **아구창일 경우 소아과 진료를 받아야 합니다.**
거즈로 입 안을 닦았는데 하얀 것이 잘 지워지지 않는다면 '칸디다'라는 곰팡이균으로 인해 생긴 아구창일 수 있습니다. 아구창일 경우 아이가 잘 먹지 않고 보채며 미열이 날 수도 있습니다. 이럴 경우에는 소아과 진료가 필요합니다.

넷 잘 씻기

옷 입기

- 아이도 부모도 편한 옷을 입혀요.

- 옷 물려주기는 신중하게 해요.

- 성별을 고려해서 입혀요.

아이도 부모도
편한 옷을 입혀요.

아이의 입장에서 고려해 옷을 입혀야 합니다.

　아이 옷 매장에 가면 사고 싶은 충동을 일으키는 옷이 정말 많습니다. 애니메이션에 나오는 주인공의 화려한 옷이 있고, 성인의 옷을 축소해 놓은 듯한 깜찍한 옷도 있는데, 좀 불편해 보이는 것도 있습니다. 특히 세 돌 이전에는 아이가 옷에 대한 특별한 취향을 나타내는 것이 아니라 부모가 입혀주는 대로 입게 됩니다. 그래서 더욱 아이의 입장에서 고려해 옷을 입혀야 합니다.

면 옷 입히기

　아이는 체온조절 능력이 미숙하고, 어른에 비해 땀 배출이 많습니다. 그래서 잠을 잘 때나 겨울철 외출 시 흘린 땀으로 인해 옷이 젖을 경우 아이의 체온이 낮아져 감기에 걸리는 경우가 있습니다. 따라서 젖은 옷을 오래 입고 있지 않도록 자주 갈아입혀야 하고, 특히 겨울철 외출 시에는 보온을 위해 얇은 옷을 여러 겹 입히는 것이 좋습니다. 옷의 소재는 땀 흡수율이 좋은 면이 좋습니다. 그리고 부모가 아이를 안고 있을 경우 아이의 약한 피부가 부모의 옷에 쓸릴 수 있으므로 부모도 부드러운 면 옷을 입는 것이 좋습니다.

넉넉한 크기의 트임이 있는 옷 입히기

아이가 움직일 때, 옷을 벗거나 입을 때 불편함이 없도록 넉넉한 크기의 옷을 입히는 것이 좋습니다. 그리고 기저귀를 하고 있기 때문에 대소변을 보았는지 확인이 쉽고, 기저귀를 갈 때 편하도록 트임이 있는 옷을 입히는 것이 좋습니다. 특히, 백일 전 아이는 목을 가누지 못하기 때문에 일반적인 티셔츠는 입히기 어렵습니다. 가능하면 앞쪽에서 여밀 수 있는 옷을 입히는 것이 좋습니다.

입고 벗기 편한 옷 입히기

아이가 자라 대소변을 가리는 시기가 되면 입고 벗기 편한 옷이 더욱 필요합니다. 특히 두 돌 정도가 된 아이는 혼자서 해 보고 싶은 욕구가 생기면서 "내가 할거야!"를 외치게 되는데, 입고 벗기가 너무 어려운 옷은 아이가 혼자 하다가 짜증을 내게 됩니다. 특히, 아이가 서툰 솜씨로 혼자서 옷을 입으려 해 시간이 오래 걸릴 때 이를 못 기다리는 부모가 옷을 입혀주는 경우가 있는데, 이럴 경우 아이의 자율성 발달에도 좋지 않습니다. 아이가 편하게 입고 벗을 수 있는 옷으로 입혀주면 좋겠습니다.

쌤에게 물어봐요!

아이가 혼자 옷을 입겠다고 하는데, 바쁜 아침에는 정말 기다려주기가 너무 힘듭니다. 그렇다고 해서 제가 다 입혀주면 아이가 혼자 안 입으려고 할 것 같아 고민입니다. 어떻게 해야 할까요?

시간이 중요하답니다.

✅ **시간을 넉넉하게 준비합니다.**

아이가 서툴지만 스스로 옷을 입으려고 한다니 참 기특한 일입니다. 문제는 시간이지요. 그래서 아침에 준비를 조금 일찍 시작해 아이가 옷을 스스로 입을 수 있도록 시간을 넉넉하게 주면 됩니다.

✅ **예외적인 상황이라면 꼭 설명을 해 줍니다.**

아이가 스스로 옷을 입도록 하는 것이 좋습니다. 그러나 예외적으로 부모가 옷을 입혀줄 때도 있습니다. 이럴 때에는 "너무 늦어서 오늘만 엄마 아빠가 빨리 입혀주는 거야."라고 예외적인 상황임을 알려주어 스스로 하는 습관이 무너지지 않도록만 해 주면 됩니다.

옷 물려주기는
신중하게 해요.

받는 입장에서는 싫을 수 있기 때문입니다.

　하루가 다르게 자라는 아이라 작년에 입었던 옷이 이미 작아져 올해 입지 못하는 경우가 많습니다. 그래서 한두 살 정도 많은 언니나 형으로부터 옷을 물려받을 때가 있고, 반대로 작아져서 입지 못하는 옷을 물려 줄 때도 있습니다. 옷을 물려받을 때에는 감사한 마음으로 받아 입히면 되지만, 옷을 물려 줄 때는 한 번 더 신중하게 생각해야 할 것이 있습니다. 옷을 물려주는 입장에서는 자신의 아이가 입었던 추억의 옷이라 모두 소중하겠지만, 받는 입장에서는 아닐 수 있기 때문입니다.

　옷을 물려 줄 때 고려해야 하는 것은 첫 번째, 깨끗한 옷이어야 합니다. 소재가 아무리 좋은 옷이라고 해도 얼룩이 있거나 보풀이 있는 옷은 받는 입장에서 기분이 나쁘고, 결국 입히지 않게 됩니다. 얼룩이나 보풀이 없는 옷을 깨끗하게 세탁해 물려줍니다.

　두 번째, 동갑내기에게는 가능하면 옷을 물려 주지 않아야 합니다. 대부분의 부모는 아이가 어릴수록 몸무게와 키의 성장을 중요하게 생각하고 민감하게 반응하기 마련입니다. 그래서 자칫 키 큰 동갑내기의 옷을 물려받게 된 부모는 괜히 속상해질 수 있습니다.

　세 번째, 물려주어도 되는지 부모에게 물어봐야 합니다. 옷이나 기타 물건들을 물려받기 싫어하는 부모도 있습니다. 그리고 옷 취향이 달라 물려받아도 아이에게 입히기 싫을 수도 있습니다. 서로 기분이 상하지 않도록 물려주어도 되는지 부모에게 반드시 물어본 후 물려주었으면 좋겠습니다.

첫째는 33개월이고, 얼마 전에 둘째가 태어났습니다. 첫째가 아기 때 입던 옷을 둘째에게 입혔더니 첫째가 싫다고 울고 난리가 났습니다. 사실 첫째가 어려서 잘 모를 거라고 생각했는데, 어쩌죠?

생각지도 못하게 첫째가 싫다는 반응을 크게 했군요. 첫째의 의사에 반해 옷을 물려주면, 첫째는 부모가 자신보다 동생을 더 좋아한다고 생각해 부모를 미워하고, 질투로 인해 동생을 더욱 싫어하게 됩니다.

✓ 첫째에게 먼저 사과합니다.

첫째는 분명 동생에 대한 질투가 있을 텐데, 자신의 옷을 동생에게 입혔으니 당연히 싫을 것입니다. 물어보지 않고 동생에게 옷을 입힌 것에 대해 먼저 사과해 주세요.

✓ 첫째와 의논해 옷을 물려줍니다.

첫째가 옷을 물려주든 말든 상관하지 않으면 좋은데, 그렇지 않은 상황이라면 절대로 부모 마음대로 둘째에게 첫째의 옷을 입히면 안 됩니다. 의논하는 과정을 꼭 한 번 거쳐주세요. 끝까지 첫째가 싫다고 하면 아쉽지만 옷을 물려주기는 어려울 것 같습니다. 앞으로 가정의 평화를 위해서요.

성별을 고려해서
입혀요.

타고난 성별을 완전 무시하고 옷을 입히는 것도 문제가 된다는 것을 꼭 기억해 주면 좋겠습니다.

바지는 남자아이와 여자아이 모두가 입을 수 있고, 치마는 여지이이가 입는 거라고 구분하고 있습니다. 그 외 디자인이나 색깔들은 굳이 남자아이와 여자아이를 구분한다기보다는 개성 있고, 실용적으로 다양하게 만들어져 판매되고 있습니다. 따라서 취향대로 골라 입히면 됩니다. 이때 하나만 주의하도록 하겠습니다. 바로 성별을 고려해 입혀야 한다는 것입니다.

딸을 낳고 싶은 부부가 있다고 가정해 보겠습니다. 계속 아들만 낳다 보니 막내아들을 딸처럼 키우고 싶다고 아들의 머리를 기르고, 머리핀을 해 주거나, 치마를 입히는 경우가 있습니다. 반대로 딸인데 강하게 키우고 싶다고 머리를 짧게 자르고, 바지를 입히는 경우도 있습니다. 만약 아이가 초등학생쯤 되어서 자신의 취향에 따라 이렇게 옷을 입고 외모를 꾸민다면 자신만의 개성이라고 할 수 있겠습니다. 그러나 지금처럼 자신이 남자인지 여자인지도 모르고, 취향이라고는 전혀 없는 아이에게 부모의 의도대로 옷을 입힌다면 나중에 아이가 정체성의 혼란을 겪을 수 있어 분명 문제가 될 수 있습니다.

그래서 과거와 같이 여자아이는 분홍색, 남자아이는 파랑색으로 성별을 구분 지어 입힐 필요는 없으나, 타고난 성별을 완전 무시하고 옷을 입히는 것도 문제가 된다는 것을 꼭 기억해 주면 좋겠습니다.

어릴 때부터 다양한 색깔의 옷을 입히면 색감이 좋아진다고 하는데, 정말인가요?

 그럴 수도 있고, 아닐 수도 있습니다.

◇ 연령에 따라 색에 대한 호기심은 생길 수 있습니다.

4살 이하의 아이라면 색에 대한 호기심이나 자신만의 취향이 없어 색감과는 상관이 없을 것으로 생각됩니다. 그러나 4살 이상이 되면 색에 대한 다양한 경험을 통해 색에 대한 호기심을 가지게 할 것으로 보입니다.

◇ 다양한 색깔의 경험은 좋습니다.

어릴 때부터 다양한 색의 옷을 입어 본 경험이 있다면, 나중에 스스로 옷을 선택할 때 색깔 선택의 폭이 커져 자신에게 더 잘 어울리는 옷을 골라 입을 수 있습니다. 색감이라는 특정한 재능을 키우기보다는 아이에게 다양한 경험을 시켜준다고 생각하면 좋겠습니다.

잘 자기

밤잠

- 백일 동안은 수면이 불규칙해요.
- 백일이 지나면 수면 습관을 만들 수 있어요.
- 분리 수면은 부모와 같은 방에서 해요.
- 아이는 졸릴 때 투정을 부려요.

백일 동안은
수면이 불규칙해요.

백일 전까지는 아이의 불규칙한 수면에 부모가 맞춰주려는 노력이 필요합니다.

　신생아는 하루 중 거의 대부분을 잠을 자고, 백일 정도의 아이는 평균적으로 하루 15시간 정도를 잔다고 합니다. 이렇게나 많이 자는데, 부모는 늘 아이와 잠과의 전쟁을 벌이지요. 아이의 수면이 불규칙하기 때문입니다. 그렇다면 '부모가 일관된 양육을 통해 규칙적인 수면 습관을 만들어 주면 되겠네?'라고 생각할 수도 있겠습니다만, 그렇게 쉬운 일이 아니랍니다. 아이는 한 번에 먹을 수 있는 양이 적어 배가 자주 고프고, 대소변도 엄청 자주 하니 기저귀가 축축하고, 방 안의 온도와 습도는 늘 다르고, 주변 소리나 움직임에 놀라는 모로반사가 아직 있어 불편한 상태이기 때문에 아무리 일관되게 양육을 한다고 해도 아이가 받아들이기 어렵습니다. 그래서 백일 전까지는 아이의 불규칙한 수면에 부모가 맞춰주려는 노력이 필요합니다.

　부모가 할 수 있는 노력은 첫 번째, 아이가 놀라지 않도록 몸을 잘 감싸줍니다. 생후 한 달 정도까지는 대부분 속싸개를 많이 사용합니다. 속싸개로 몸을 잘 감싸주어 마치 엄마의 자궁 속에 있는 것처럼 편안하게 해 줍니다. 어른의 기준으로 봤을 때 속싸개가 답답할 것 같지만 아이는 절대 그렇지 않습니다. 그리고 한 달 이후 속싸개를 사용하지 않을 때에는 아이의 배를 베개로 살짝 눌러 주어 안정감을 느끼게 해 주는 것이 좋습니다.

　두 번째, 아이에게 수유와 트림을 잘해 줍니다. 잘 먹어 배부른 아이는 표정부터가 편안합니다. 그리고 수유 후 트림을 잘 시켜주어 배가 편안하도록 해 줍니다. 가끔 아이가 자다 깨어 자지러지게 울 때가 있는데, 이를 '영아산통'이라고 합니다. 아직 정확한 원인이 밝혀진 것은 아니지만, 배에 가스가 차 배앓이를 하는 거라는 의견이 많습니다. 이럴 경우에는 아이의 배를 부드럽게 맛사지해 준 후 안고 천천히 흔들어 주어 안정을 찾아 주는 것이 좋습니다.

세 번째, 아이의 불규칙한 수면에 대해 인정합니다. 아이가 안자고 보채는데, 부모가 언제 잘 거냐고 짜증을 내고, 화를 낸다고 해서 해결되는 것은 없습니다. 오히려 아이는 부모의 불편한 목소리에 더 울뿐입니다. 백일이 지나면 아이가 규칙적으로 잘 수 있는 몸 상태가 되니 백일 동안만 불규칙한 수면을 인정해 주고, 맞춰주도록 하겠습니다.

쌤에게 물어봐요!

 아이가 태어난 후 잠을 잘 자지 못하니 예민해집니다. 남편은 출근해야 한다며 먼저 자는데, 이해는 되지만 정말 화가 납니다. 제가 이상한가요?

 엄마가 힘든데, 아빠의 반응이 엄마를 서운하게 했네요.

✅ **감정을 솔직하게 표현합니다.**

작은 사건들이 쌓이고 쌓여 큰 사건이 됩니다. 그만큼 감정의 골도 심해지고요. 이해는 되지만 한편으로 화가 난다는 엄마의 감정을 솔직하게 아빠에게 전해 주세요. 절대로 비난이 아닌 엄마의 감정을 담백하게 전하는 것입니다. 엄마의 마음을 아빠가 알게 되면 분명 아빠의 말과 행동이 바뀔 것입니다.

✅ **엄마와 아빠가 아이 재우는 방법에 대해 조율합니다.**

아이를 키우는 건 엄마와 아빠가 같이 해야 하는 것입니다. 아이를 재우는 것에 대해 서로의 의견을 나누고 조율하길 바랍니다. 대화를 통해 하나씩 해결하며 엄마가 만들어지고, 아빠가 만들어지는 것입니다.

백일이 지나면
수면 습관을 만들 수 있어요.

이쯤 되면 양육을 통해 잠에 대한 습관 만들기를 시도해 볼 수 있습니다.

백일이 지나면 아이가 낮과 밤을 구분하기 시작합니다. 그리고 한 번에 먹는 양도 늘어서 자다 배가 고파 깨는 일이 줄어들고, 모로반사가 없어져 아이도 훨씬 편안해집니다. 이쯤 되면 양육을 통해 잠에 대한 습관 만들기를 시도해 볼 수 있습니다.

수면 습관을 만들기 위해서는 첫 번째, 아이의 몸과 잠자는 환경을 쾌적하게 해 줍니다. 잠들기 전 충분한 수유를 통해 배부름을 느끼게 해 주고, 종이기저귀를 채워 소변을 보더라도 덜 축축하게 해 줍니다. 그리고 온도와 습도를 잘 유지해 주면 되는데, 굳이 측정까지 할 필요는 없으며 부모가 느낄 때 너무 춥거나 덥지 않으면 됩니다.

두 번째, 얕은 잠 상태에서 칭얼거릴 때는 다시 재웁니다. 아이는 자다 깨기를 반복하는데, 배가 고프거나 기저귀가 젖어서 진짜로 잠을 깰 때가 있지만, 밤에는 대부분 얕은 잠 상태에서 칭얼거리는 일이 많습니다. 어른이 잘 때 뒤척이는 것처럼요. 그래서 아이가 자다 깨어 칭얼거릴 때에는 기저귀나 기타 불편한 점이 없는지 살펴본 후 괜찮다면 다시 재우면 됩니다.

세 번째, 밤 중 수유 끊기입니다. 얕은 잠 중에 칭얼거리는 것을 모르고 배가 고프다고 생각해 수유를 하게 되면 오히려 잠자는 걸 방해하게 됩니다. 그래서 밤 중 수유를 끊는 것이 잠을 잘 자게 하는 방법입니다.

네 번째, 잠자기 전에는 정적인 활동을 합니다. 잠자기 전에 아이에게 간지럼을 태우거나, 소리 나는 딸랑이를 흔들어 주면 오던 잠도 다 달아나겠지요? 아이가 흥분을 가라앉히고, 잘 수 있도록 조용한 음악을 틀어주거나, 느린 박자로 토닥여야 합니다.

다섯 번째, 조명을 구분해 줍니다. 놀 때는 밝게, 잘 때는 어둡게, 아이가 노는 시간과 자는 시간을 구분할 수 있게 해 주어야 합니다. 그리고 잘 때 빛을 차단하면 잠을 오게 하는 멜라토닌의 분비가 촉진되어 잠을 더 잘 자게 됩니다. 자다가 아이를 돌볼 경우가 있다면 은은한 수면등을 사용하는 것이 좋습니다.

여섯 번째, 일정한 시간에 재웁니다. 아이를 돌보다 보면 부모의 생활패턴에 아이를 맞추는 경우가 있습니다. 부모가 할 일이 좀 많을 때에는 아이를 늦게 재우고, 부모가 좀 피곤해서 일찍 자고 싶은 날은 아이를 빨리 재우기도 합니다. 반대로 아이가 잠이 올 때까지 기다려주는 부모도 있습니다. 이런 경우 아이는 언제 자야 하는지 모르기 때문에 점점 더 자기가 어려워집니다. 아이가 언제 자는 것인지 몸으로 익힐 수 있도록 일정한 시간에 재우는 것이 좋습니다.

일곱 번째, 자다 깨서 놀지 않아야 합니다. 아이가 자다 깰 경우 다시 힘들게 재우기보다는 같이 노는 경우가 있습니다. 이런 경우 아이는 잠자는 시간을 노는 시간으로 착각해 잠을 자지 않으려 합니다. 그리고 부모가 자고 있을 때 아이가 혼자 깨어 놀다 안전사고가 일어날 수도 있어 위험합니다.

수면 습관을 만들기 위한 부모의 다양한 노력에도 불구하고 아이의 습관을 만드는 것은 쉬운 일이 아닙니다. 잘 자다가도 며칠 아프거나, 낮잠을 많이 잤다거나, 집안의 행사로 가족들이 많이 모여 늦게까지 시간을 보내게 되는 등의 일상적인 일들로 인해 수면 습관은 흐트러지기 십상입니다. 이럴 때는 너무 실망하지 않아도 됩니다. 습관이 흐트러진 것이지, 없어진 것은 아니니까요. 다시 습관을 들이면 처음보다 훨씬 수월하게 할 수 있답니다. 아이를 키우는 일은 같은 일을 무수히 반복하는 과정이라는 걸 기억하고 조급해 하지 않았으면 좋겠습니다.

올해 7살인 첫째는 잘 자는 아이였습니다. 그래서 재우는 것이 힘든 일인 줄 몰랐는데, 5개월 된 둘째는 잘 때 너무 예민합니다. 둘째를 재우다 보면 제가 예민해져 첫째에게 화를 내게 됩니다. 며칠 전에는 첫째가 저에게 "아빠 미워."라고 했습니다. 어쩌죠?

아이 재우는 게 쉽지 않지요.

✅ 둘째에게 집중하며 수면 습관을 만듭니다.

첫째가 수월했기 때문에 둘째가 더 힘들게 느껴지는 것입니다. 첫째의 어릴 적 기억은 잠시 내려놓고, 둘째에게 집중해 보겠습니다. 둘째는 아직 수면 습관이 만들어지지 않은 것일 뿐이므로 일관되게 재우며 수면 습관을 만들면 됩니다. 이 과정에서 혹 둘째의 잠을 방해하는 요소는 없는지 살펴봐야 합니다.

✅ 첫째에게 양해를 구합니다.

둘째를 재우는 과정에 대해 첫째에게 설명하고, 잠시 조용히 있어 주길 부탁해야 합니다. 가능하면 첫째가 다른 공간에 있으면 좋겠습니다. 아빠의 힘듦이 첫째에게 전달되지 않도록이요.

분리 수면은
부모와 같은 방에서 해요.

아이에게 필요한 분리 수면은 부모와 같은 방에서 이불을 따로 사용하는 것입니다.

　어릴 때부터 독립심을 키워주어야 한다고 혼자 재우려 노력하는 경우가 있습니다. 그런데 너무 어릴 때부터 혼자 자는 것은 독립심을 키워주기보다는 오히려 부모와의 분리불안을 유발할 수 있어 주의가 필요합니다. 아이가 자다 깨어 부모를 찾았는데 부모가 옆에 없다면, 아이는 어두컴컴한 방에서 부모가 올 때까지 울 수밖에 없지요. 이런 경험이 쌓이면 불안감이 커지고, 이는 부모에 대한 신뢰감마저 무너뜨리기 때문입니다. 특히 돌 전의 아이라면 자기 몸 하나도 잘 가누지 못하는 상태라 엎드려 잘 때 질식의 우려가 있고, 혹 일어나 움직이다 넘어질 경우 크게 다칠 수 있어 위험합니다. 그래서 어릴 때부터 혼자 방에서 재우는 것은 위험할 수 있으니 방을 분리하는 시기를 조금 늦춰주는 것이 좋습니다.

　반면 부모가 반드시 해야 하는 분리 수면도 있습니다. 바로 부모와 이불을 같이 쓰지 않고 아이만의 이불을 사용해야 하고, 공간이 확보된다면 아기침대를 사용하는 것이 좋습니다. 부모와 같이 이불을 사용하게 되면 부모가 뒤척이다 실수로 이불로 아이 얼굴을 덮어버릴 수 있고, 의도치 않게 아이가 부모의 몸에 눌려 위험한 상황이 발생할 수 있기 때문입니다.

　아이에게 필요한 분리 수면은 부모와 같은 방에서 이불을 따로 사용하는 것입니다. 그리고 아기침대의 경우 아이가 서고 걷기 전에는 괜찮지만, 그 이후에는 탈출을 시도할 수 있어 위험할 수 있으니 늘 잘 살펴보아야 합니다.

남편이 야간 근무를 해서 낮에 자야 합니다. 아이는 8개월인데 울고 보챌 때마다 남편이 화를 내서 제가 아이를 데리고 밖으로 나가는데, 하루 이틀도 아니고 정말 힘듭니다. 어떻게 해야 할까요?

 아빠 엄마 모두 힘들군요.

✓ 아이에 대한 이해가 필요합니다.

아이에게 울음은 의사표현입니다. 울지 못하게 하거나 밖으로 나가는 것이 아니라, 어떤 울음인지 파악하고 돌봐주어야 근본적인 해결을 할 수 있습니다.

✓ 부부가 서로를 이해하고 격려합니다.

아빠는 못 자서 화를 내고, 엄마는 힘들어서 화를 내면, 서로 갈등이 악순환될 뿐입니다. 엄마는 아빠의 피곤함을 이해하고, 아빠는 엄마의 양육의 힘듦에 대해 이해하며, 서로의 마음을 말로 표현하고, 격려하는 과정이 꼭 필요합니다.

아이는 졸릴 때
투정을 부려요.

졸린다는 것이 무엇인지, 어떻게 해야 하는 것인지 모르기 때문입니다.

졸릴 때 아이의 행동을 보면 참 재미있습니다. 눈을 끔뻑이며 더 크게 뜨려 하기도 하고, 눈을 비비기도 하고, 앉은 채로 졸기도 하고, 울고 보채기도 합니다. 또 어떤 아이는 졸리면 부산스러워지기도 합니다. 졸리면 자면 되는데, 도대체 아이는 왜 이럴까요? 졸린다는 것이 무엇인지, 어떻게 해야 하는 것인지 모르기 때문입니다.

수업 시간에 졸린데 억지로 수업을 들으려 노력할 때를 떠올려 보세요. 눈은 감기는데 필기는 해야 하고, 연필을 잡은 손은 이미 힘이 풀렸고요. 내 몸이 내 의지대로 움직이지 않아 짜증이 나고 힘들어집니다. 아이도 똑같습니다. 놀고 있는데 놀지 못할 만큼 눈이 감기고, 몸이 말을 안 들으니 슬슬 짜증이 나 울고 보챌 수밖에 없습니다.

아이는 지금 졸린다는 것이 무엇인지 잘 모릅니다. 그리고 다음 상황을 예측하고 행동할 수 없으니 지금 내 의지대로 안되는 이 상황이 이상하고 싫어서 잠투정을 하는 것입니다. 또한 자고 일어난다는 개념이 없어 눈을 감으면 부모가 보이지 않으니 부모와 떨어진다는 것에 대한 불안감이 있을 수도 있습니다.

아이가 졸려 하면 "지금 졸리는구나."라고 감정을 먼저 읽어주세요. 그리고 "자고 일어나서 또 놀자."라고 자고 일어나 다시 노는 것에 대해 알려주세요. 반복되는 일상을 통해 잠에 대해 제대로 알게 될 것입니다.

❤ 남편이 주로 아이를 재웁니다. 그런데 아이가 잘 자지 않으니, 남편은 자기가 졸린 것을 아이에게 하소연합니다. 어른답지 않은 것 같은데, 하지 말라고 해도 될까요?

 졸릴 때 졸린다고 말하는 것은 당연합니다.

✓ **졸린다고 말해도 됩니다.**

졸릴 때 "이제 밤이야. 아빠는 너무 졸려서 자고 싶어. **이 같이 자자."라고 아빠의 졸림에 대해 말하고 아이에게 같이 자자고 하는 것은 옳은 표현입니다.

✓ **흥분하지 않습니다.**

졸린 것에 대해 이야기를 하는 것은 좋으나, 너무 흥분하거나 하소연하듯 하면 감정이 격해지거나 아이에게 사정하는 것 같아 아빠의 권위가 낮아지니, 평정심을 유지하고 담백하게 표현해야 합니다.

다섯 잘 자기

낮잠

- 낮잠도 필요해요.
- 좋은 낮잠 환경을 만들어요.

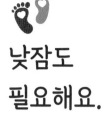

낮잠도
필요해요.

낮잠이 필요한 이유는 아이의 에너지와 잠을 보충하기 위해서입니다.

　돌 전 아이는 자고 싶을 때마다 자지만, 돌이 지나면 하루 1~2회 정도 낮잠을 잡니다. 아이가 낮잠이라도 자야 부모가 쉴 수 있으니 낮잠이 부모에게는 달콤한 휴식시간이기도 합니다. 그래서 아이는 잘 놀고 있는데 부모가 '언제 자나?'하고 지켜보기도 하고, 때로는 업어서 재우기도 하지요. 억지로 재우려고 하면 부모와 아이가 힘드니 아이의 낮잠 스케줄을 잘 확인하고 그에 맞춰주면 좋겠습니다.

　아이가 낮잠을 자면 집중력과 기억력이 향상되고, 탐구 욕구가 커지고, 성장호르몬을 통해 성장에 도움이 된다고 말합니다. 그런데 이보다 더 낮잠이 필요한 이유는 쉬면서 에너지를 보충하기 위해서입니다. 아이는 끊임없이 움직이고 자기만의 놀이에 몰입하게 되는데, 몰입을 할 경우 자신의 피곤함을 인지하지 못하는 경우가 있습니다. 피곤함이 쌓이면 자고 싶은 욕구가 잠투정으로 나타나는 것이지요. 푹 자고 일어나 개운한 아이는 피곤함으로 인한 정서적 불쾌감이 사라져서 남은 하루가 내내 편안하고, 아이를 돌보는 부모도 훨씬 수월합니다.

　또 다른 낮잠을 자야 하는 이유는 잠을 보충하기 위해서입니다. 맞벌이 부부가 늘고 낮 동안 어린이집에 있는 아이가 많다 보니 부모의 퇴근이 늦어지거나, 저녁에 가족들과 시간을 보내다 보면 자연스럽게 밤에 잠을 늦게 자게 됩니다. 이로 인해 밤잠이 부족해지는 경우가 많아 낮잠을 통해 잠을 보충해야 할 필요가 있습니다.

낮잠은 몇 살까지 자나요?

 어른도 점심 먹고 잘 때가 있습니다. 낮잠은 언제나 잘 수 있습니다.

☑ **4살까지는 대부분 낮잠을 잡니다.**

아이마다 차이는 있으나 4살까지는 최소 1회 정도 낮잠을 잡니다. 꼭 자야 하는 것은 아니지만, 아이의 피곤을 풀기 위해 필요합니다.

☑ **2시간 이상은 재우지 않는 것이 좋습니다.**

돌 이후의 아이라면 한 번 낮잠을 잘 때 2시간 이하로 자길 권장합니다. 너무 오래 자면 두통을 느끼는 경우가 있고, 밤에 잠을 자기가 어려울 수 있습니다.

좋은 낮잠 환경을
만들어요.

낮잠도 밤잠처럼 제대로 자고 에너지를 보충할 수 있게 해주는 것이 좋습니다.

　놀던 아이가 갑자기 조용해서 가보면 놀다가 그만 바닥에 누워 자고 있을 때가 있습니다. 귀엽기도 하지만 안쓰럽기도 합니다. 낮잠도 밤잠처럼 제대로 자고 에너지를 보충할 수 있게 해주는 것이 좋습니다.

　낮잠을 자기 좋은 환경으로는 첫 번째, 아이의 졸음입니다. 아이가 잠이 와야 자는 것이지요. 아이를 억지로 재우려 하면 시간이 오래 걸리고, 부모와 불필요한 실랑이를 해야 합니다. 또 아이는 자신의 놀이를 부모로부터 방해받는다고 생각해 싫어하므로 억지로 재우지 않아야 합니다.

　두 번째, 일정한 시간 유지입니다. 일정한 시간에 맞춰 낮잠을 자야 아이가 편안함을 느낍니다. 그리고 식사와 같이 매일 해야 하는 것을 빠뜨리지 않고 잘 할 수 있습니다.

　세 번째, 초저녁 시간에 자는 것 피하기입니다. 점심을 먹고 오후에 낮잠을 자면 좋은데, 더 늦은 시간에 잘 때가 있습니다. 초저녁에 잠을 자면, 밤에 자는 것이 힘들어지니 시간을 잘 조절해야 합니다.

　네 번째, 어두운 방입니다. 밤에 잘 때와 같이 방을 어둡게 만들어 몸뿐만 아니라 뇌도 쉴 수 있게 해주어야 합니다. 그리고 아이가 낮잠을 너무 오래 잘 때에는 억지로 깨우기보다는 방을 밝게 해 자연스럽게 깰 수 있도록 도와주는 것이 좋습니다.

　다섯 번째, 정리된 환경입니다. 정리되지 않은 환경에 계속 노출될 경우 아이의 마음이 안정되지 못해 산만해질 수 있고, 잠을 자기에 불편합니다. 놀던 놀잇감을 대강이라도 정리한 후 아이를 재우거나, 아니면 놀이하던 곳이 아닌 다른 방에서 조용히 재워야 편안하게 잘 수 있습니다.

쌤에게 물어봐요!

 낮잠 잘 때 잠투정이 너무 심해서 힘들어요. 어떻게 해야 할까요?

 낮잠 재울 때마다 전쟁을 치르는군요. 낮잠 스케줄을 파악하면 좋겠습니다.

☑ 조금만 빨리 재웁니다.
너무 피곤하면 오히려 잠이 빨리 들지 않아 힘듭니다. 그래서 아이 행동을 관찰한 후 조금 졸리기 시작하는 그때 바로 재우면 잠투정이 줄어듭니다.

☑ 같이 흥분하지 않아야 합니다.
아이의 잠투정에 부모가 지쳐 화를 낼 때가 있습니다. 아이와 부모 모두 흥분하게 되면 차분히 잠을 청할 수가 없지요. 아이가 잠투정을 하더라도 부모는 "아이고, 졸리네. 엄마 아빠랑 같이 자자."라고 다독여 재워야 합니다. 잠자는 습관이 잘 형성되면 잠투정도 사라집니다.

여섯 부모자녀 관계 맺기

애착

- 부모와 아이가 애착을 맺어요.

- 애착의 골든타임은 46개월이에요.

- 애착은 사회성의 기초에요.

- 애착은 4가지 형태로 구분돼요.

- 부모의 돌봄에 따라 애착이 결정돼요.

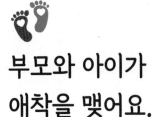

부모와 아이가
애착을 맺어요.

애착은 부모와 아이가 서로 사랑하고 믿는 정도를 말하는 것으로, 결코 특별하거나 어려운 것이 아닙니다.

애착. 중요하다는 말 많이 들어보았을 것입니다. 애착을 심리학적으로 말하자면 주양육자와 아이가 맺는 정서적 유대관계입니다. 그래서 이 애착을 정확하게 이해하려면 '주양육자'와 '정서적 유대관계'에 대한 이해가 필요합니다.

먼저 애착에서 말하는 주양육자는 '부모'입니다. 과거에는 아빠는 직장을 다니며 일을 하고, 엄마는 주로 가정에서 아이를 돌봤기 때문에 주양육자를 '엄마'로 한정했습니다. 당연히 양육의 책임은 엄마에게 주어지고 혹 아이에게 문제가 생기면 엄마에게 비난의 화살이 향하는 일이 많았지요. 그러나 현재는 부모의 역할을 단정적으로 구분하기 어렵고, 그럴 필요도 없으며, 아이 양육에 있어 부모의 역할은 동등하게 중요하기 때문에 주양육자는 '엄마'가 아닌 '부모'를 의미합니다. 당연히 부모가 양육에 적극적으로 참여해야 하고, 그 책임도 공동으로 져야 합니다. 따라서 부모 중 한 사람이 "내가 많이 도와줄게."라고 말하는 건 틀린 것이고, 주양육자로서의 직무유기입니다. 부모는 서로에게 "우리 같이 잘 키우자."라고 말하는 것이 맞습니다.

그런데 요즘은 맞벌이 부부가 많아지면서 부모가 아닌 조부모를 비롯한 전문 교사에게서 양육되는 아이가 많아지고 있지요. 이런 상황 속에서 안타깝게도 자신을 주양육자가 아니라고 말하는 부모를 심심치 않게 보게 됩니다. 주양육자란 단순히 아이와 시간을 많이 보내며 양육을 제공하는 사람이 아니라 아이의 양육에 대해 전적으로 책임을 지는 사람을 말합니다. '아이를 어떻게 키울까?', '육아휴직은 누가 할까?', '아이 돌봄을 누구에게 맡길까?'와 같은 아이에 대한 결정을 내리고 책임을 지는 사람, 주양육자는 바로 '부모'입니다. 그래서 애착은 부모와 아이가 맺는 정서적 유대관계입니다.

이제는 정서적 유대관계가 무엇인지 알아야 할 차례입니다. 여기서 말하는 정서적 유대관계는 애정과 신뢰 즉, 서로 얼마나 사랑하고, 믿는가 하는 것입니다. 부모와 아이가 서로에게 사랑을 느끼는 건 설명하지 않아도 당연히 이해되는 것이지요. 그렇다고 해서 사랑만으로 충분한 관계는 절대로 아닙니다. 만약 사랑은 하지만 믿음이 없다면 아이는 부모가 자신을 떠날지도 모른다는, 자신을 도와주지 않을 수도 있다는 불안에 휩싸이게 됩니다. 불안이 높아지면 부모에게서 떨어지지 않으려 하고, 자주 울고 보채는 등의 불편한 정서를 표현하며, 결국 안정된 관계 형성은 불가능해집니다. 따라서 애착은 부모와 아이가 서로 사랑하고 믿는 정도를 말하는 것으로, 결코 특별하거나 어려운 것이 아닙니다.

쌤에게 물어봐요!

현재 저희는 직장 때문에 주말 부부로 생활하고 있습니다. 저랑 아이가 같이 지내고, 남편은 주말에만 집으로 옵니다. 주말에만 만나서 그런지 남편은 마음과는 다르게 아이랑 같이 있을 때 어색해할 때가 있고, 스스로 아빠로서 부족한 것 같다고 걱정할 때가 많습니다. 어떻게 해야 할까요? 그리고 아이가 아빠를 기억하지 못할까 걱정이 됩니다.

주말 부부로 생활하며 걱정이 많군요. 부모로서 아이를 사랑하는 것과 양육을 하는 것은 다르지요. 분명 부모로서 양육을 잘하기 위해서는 많은 시행착오를 거치며 아이와 상호작용을 맞추는 과정이 필요합니다.

☑ **엄마가 아빠에게 아이의 일상을 알려줍니다.**

아이가 젖을 먹다가 토했네, 아이가 예방접종을 할 때 기절하듯이 많이 울었네, 아이가 오늘 쉬를 하며 포물선을 그렸네 하는 소소한 일상을 엄마가 아빠에게 전달해 주세요. 아빠가 엄마를 통해 아이의 일상을 알게 되면 주말에 만났을 때 조금 더 자연스럽게 아이를 대할 수 있습니다.

☑ **아빠와 아이는 하루 최소 한 번은 영상통화를 합니다.**

부모가 노력하는 것과 별개로 아이가 부모를 인지하는 것도 중요합니다. 밤에 잠들기 전에 아빠와 아이가 꼭 영상통화를 하게 해주세요. 매일 영상으로 만나는 아빠의 얼굴과 목소리를 아이가 기억하게 되어 주말에 만났을 때 더욱 친숙함을 느낄 수 있습니다.

✅ **주말에 해야 하는 부모의 양육행동에 대해 의논해 정합니다.**

주말이면 모두가 쉬고 싶습니다. 그러나 아이를 돌보는 일은 계속되어야 하지요. 그래서 즐겁고 편해야 하는 주말에 아이 돌보는 일로 부부싸움을 하는 경우가 많습니다. 아이 돌보는 것은 부모 공동의 일임을 꼭 기억하고, 서로 해야 하는 양육행동을 정하고, 책임을 다하도록 해야 합니다. 그런데 아무래도 함께 생활하는 엄마가 아빠보다 아이를 더 잘 알고 있기 때문에 서툰 아빠를 보면 답답한 나머지 엄마가 빠르게 양육행동을 하게 되어 엄마는 바쁘고 힘들고 아빠는 양육에서 점점 멀어지는 일이 발생하기도 합니다. 이런 일이 없도록 사전에 의논을 잘해 아이를 함께 돌봐야 합니다. 그리고 서로에 대한 격려와 칭찬도 아낌없이 해주어야 합니다.

애착의 골든타임은
46개월이에요.

애착은 임신 기간부터 출생 후 36개월까지인 46개월 동안이 골든타임이라고 할 수 있습니다.

애착의 형성 시기는 출생 후부터 36개월까지라고 합니다. 그런데 부모는 임신 기간 10개월 동안 아이에게 태명을 지어주고, 아침저녁으로 배를 쓰다듬으며 이야기를 하는 태담을 합니다. 그리고 만삭 사진을 찍고, 태교 여행을 가고, 임신·출산 교실에 참석해 부모가 되는 준비를 합니다. 이 모든 활동은 좋은 부모가 되기 위해 노력하는 것이고, 더불어 배 속의 아이와 정서교감을 하기 위해 애를 쓰고 있다는 것을 의미합니다. 이미 애착이 형성되기 시작한 것입니다. 따라서 애착은 임신 기간부터 출생 후 36개월까지인 46개월 동안이 골든타임이라고 할 수 있습니다.

혹 애착 형성의 골든타임을 놓쳤다고, 애착에 문제가 생겼다고 해서 너무 걱정하고 실망할 필요는 없습니다. 주변에서 교사나 친구들과 의미 있는 인간관계를 통해 달라진 아이를 본 적이 있을 거예요. 또 상담을 통해 혹은 가족의 특별한 사건으로 인해 가족의 관계가 달라지고, 자연스럽게 아이가 변하는 것을 종종 보게 됩니다. 이처럼 애착은 삶 속에서 다양하게 맺는 인간관계를 통해 변할 수 있습니다. 하지만 애착의 골든타임을 강조하는 이유는 나중에 고치는 것보다는 처음부터 잘 만드는 것이 아이의 발달에 더욱 좋기 때문입니다. 애착의 골든타임 잘 챙겨주세요.

10개월 아이가 낯가림이 심해 엄마 아빠 외 다른 사람에게는 안 가려고 해요. 괜찮은 건가요?

 네. 당연히 괜찮고, 정상적인 반응입니다.

☑ 낯가림은 뇌발달과 애착 형성의 증거입니다.

아이는 3개월 무렵부터 부모와 그 외 사람을 구분할 수 있습니다. 하지만 부모와 다른 사람에게 서로 다른 반응을 보이지는 않습니다. 그러나 6~7개월부터 아이가 낯가림을 시작하고, 부모와 다른 사람에게 확연히 다른 반응을 보입니다. 이는 아이의 뇌가 발달하고 부모와 애착이 형성되면서 자신에게 중요한 부모와 다른 사람을 구분할 수 있기 때문입니다. 낯가림이 시작되면 '잘 자라고 있구나.'라고 생각하면 됩니다.

☑ 아이에게 낯선 사람에게 적응할 수 있도록 시간을 주세요.

오랜만에 할아버지를 만났는데 아이가 할아버지를 보고 자지러지게 울고 안기기를 거부하면 부모는 퍽 난감함을 느끼며 아이에게 "괜찮아. 할아버지야."라고 말하게 됩니다. 부모에게 할아버지는 가족이고 친근한 사람이지만, 아이에게는 낯선 사람일 뿐입니다. 억지로 안기라고 괜찮다고 강요하기보다는 아이기 적응할 수 있을 때까지 시간을 주세요. 시간이 오래 걸릴 수도 있습니다.

애착은 사회성의
기초에요.

부모와 맺은 애착의 형태가 또래와의 관계 같은 사회적인 상황에서도 그대로 재현됩니다.

애착은 부모와 아이의 아주 개인적인 정서적 유대감이지만 사회성의 기초가 되기 때문에 중요합니다. 아이에게 부모는 처음으로 관계를 맺는 사람인 동시에 온 우주입니다. 부모와의 관계에서 아이는 정서를 발달시키고, 언어를 배우며, 상황마다 해야 하는 올바른 행동을 익히게 됩니다. 그리고 가끔 잘못을 하면 훈육을 받기도 하고, 자기주장을 강하게 펼치며 부모로부터 얻고 싶은 것을 얻어내기도 합니다. 이런 과정을 거치며 아이는 부모와 애착을 형성하게 되는데, 이 애착은 부모를 넘어 사람들에 대한 기본적인 애정과 신뢰로 자리 잡게 됩니다. 그래서 부모와 안정적인 애착을 맺은 아이는 또래에게 관심이 많고, 함께 어울리기를 좋아하며, 또래가 자기를 좋아한다고 믿어 관계가 안정됩니다. 반대로 부모와 불안정 애착을 맺은 아이는 또래에 대해서 '나 말고 다른 아이를 더 좋아하면 어쩌지.'라는 불안감을 가지게 됩니다. 즉, 부모와 맺은 애착의 형태가 또래와의 관계 같은 사회적인 상황에서도 그대로 재현되는 것입니다. 따라서 애착은 사회성의 기초입니다. 그래서 또래와의 관계에 문제가 있다면 '또래와 어떻게 하면 잘 지내게 할 수 있을까?'를 고민하기에 앞서 애착을 비롯한 부모와의 관계를 살펴보고 원인을 찾는 것이 또래와의 문제를 해결하는 열쇠가 됩니다.

어릴 때부터 어린이집에 보내면 사회성이 발달한다고 하는데, 정말 그런가요?

 사회성의 종류에 따라 다릅니다.

☑ **또래관계는 세 돌 이후에 시작됩니다.**

세 돌까지는 부모와의 시간이라고 하고, 그 이후를 또래에게 관심을 보이고 어울리고 싶어 하는 또래와의 시간이라고 합니다. 물론 세 돌 이전의 아이들도 어울려 놀이를 하기는 하지만, 이는 좋아하는 활동이나 놀잇감을 중심으로 모이는 것이라 또래와 잘 어울리고 의미 있는 상호작용을 하는 것은 아니므로 또래들과 잘 지내는 사회성의 발달을 기대하기는 어렵습니다.

☑ **새로운 환경에 대한 적응력은 좋아질 수 있습니다.**

사회성은 꼭 또래와의 관계만을 말하는 것은 아닙니다. 집 밖 환경에 적응하는 것도 사회성이지요. 어릴 때부터 어린이집에 다녔던 아이라면 다른 아이에 비해 부모와 분리되어 새로운 곳에 적응한 경험이 있기 때문에 눈치라는 것이 생기고, 낯선 환경에 상대적으로 잘 적응해 적응력이 좋을 수 있습니다. 그러나 어린 월령의 아이라면 새로운 경험을 통한 적응력 발달에 비례하는 만큼의 부모와의 분리에 대한 스트레스를 받을 수 있습니다. 만약 부모의 맞벌이나 다른 이유로 인해 어린 월령에 어린이집에 보내야 한다면, 아이의 스트레스를 최소화할 수 있도록 부모와 교사의 배려가 필요합니다.

애착은 4가지 형태로 구분돼요.

자연스러운 상황에서 관찰해보길 바랍니다.

애착 유형은 낯선 상황에서 아이가 부모와 분리되고 다시 만날 때 어떻게 반응하는지를 보면 쉽게 알 수 있습니다. 애착 유형이 궁금하다고 해서 일부러 분리해 아이를 스트레스받게 하지는 말고, 자연스러운 상황에서 관찰해보길 바랍니다.

안정애착

안정애착은 애착 중 으뜸입니다. 부모와 안정애착을 형성한 아이는 잘 놀다가 부모와 분리되면, 울게 됩니다. 그러나 부모가 다시 돌아오면, 부모를 반기며 다가가 안기고 바로 울음을 그치며 다시 놀이를 합니다. 부모에 대한 애정과 신뢰가 있기 때문에 불안정한 정서가 빠르게 회복되는 것입니다. 안정애착의 부모는 평소 아이와 정서적인 소통을 많이 하고, 아이의 욕구를 잘 파악해 수용적인 태도를 보이며, 생활 전반에서 안정감을 느끼게 합니다. 이로 인해 아이는 표정이 밝고, 호기심이 많으며, 언어를 비롯한 전반적인 발달이 안정적입니다.

불안정저항애착

불안정저항애착을 형성한 아이는 부모가 옆에 있을 때 보채는 경우가 많고, 부모와 분리되면 더욱 격렬하게 울고 부모를 찾으며 불안해하는 반응을 보입니다. 그러나 부모가 다시 돌아왔을 때, 부모를 반기기보다는 화를 내며 자신의 힘들었던 감정을 표현합니다. 아이가 부모를 사랑하지만 부모에 대한 신뢰가 부족해 불안을 많이 느끼기 때문입니다. 이런 불안정저항애착의 부모는 양육이 서툴고, 아이의 욕구에 대해 민감하지 못하며, 특히 일관성이 부족한 경우가 많습니다. 이로 인해 아이는 불안감이 있어 예민하고, 잘 울며, 또래와의 관계에서도 잘 토라져 어울리는 것에 어려움이 생깁니다.

불안정회피애착

불안정회피애착을 형성한 아이는 부모가 옆에 있어도, 분리되었다 다시 돌아와도 거의 반응을 보이지 않으며 자신의 놀이에만 집중합니다. 아이가 부모에 대한 애정이 없기 때문입니다. 이런 불안정회피애착의 부모는 아이의 욕구를 파악하지 못해 엉뚱한 행동을 하고, 과도한 양육적 개입이나 교육적 자극 등을 주어 아이를 귀찮게 합니다. 또한 부모의 우울과 같은 정서적인 문제로 인해 아이와 소통의 기회가 부족하고, 특히 스킨십이 부족한 경우가 많습니다. 이로 인해 아이는 부모와 시간을 보내는 것보다는 혼자 놀이를 하는 것이 더 즐겁고 안정감을 느껴 부모에 대해 반응을 보이지 않는 것입니다. 이런 불안정회피애착을 가진 아이는 또래와의 관계에서도 함께 어울리기보다는 또래들에 대해 거부적이고, 혼자 놀려는 행동을 많이 보여 사회성 발달이 취약합니다.

불안정혼동애착

불안정혼동애착을 형성한 아이는 불안정저항애착과 불안정회피애착이 뒤섞여 나타납니다. 그래서 아이는 부모에게 좋고 나쁨의 감정을 혼란스럽게 표현해 부모가 아이의 감정이나 행동을 예측하기가 어렵습니다. 주로 학대와 같은 부정적인 경험이 있는 아이에게 많이 나타나는데, 아이는 부모에게 사랑을 받기 위해 다가가야 하는지, 자신의 안전을 위해 분리되어야 하는지 몰라 혼란스러워하고, 부모가 옆에 왔을 때 피하거나 얼어붙는 듯 멍한 행동을 보이기도 합니다. 당연히 또래와의 관계에서도 동일한 정서행동이 반복되어 사회성 발달에 어려움이 생깁니다.

20개월 아이입니다. 어린이집에 갈 때마다 저랑 안 떨어지려 웁니다. 혹시 애착에 문제가 있거나 분리불안인가요?

분리될 때 어려움이 있으니 분리불안은 맞지만, 정상적인 반응입니다.

✅ **부모와 분리되는 게 힘들 뿐입니다.**

세 돌 이후 한 달 이상 이런 부적응 행동을 보인다면 애착에 문제가 있다거나 분리불안으로 인해 적응상에 어려움이 있다고 할 수 있습니다. 그러나 20개월 아이라 그렇게 말할 수는 없고, 단순히 부모와 떨어지기 싫은 것입니다. 아직 어리니까 당연한 일이기도 합니다.

✅ **어린이집에 적응할 수 있도록 도와주세요.**

부모와 떨어지기 싫은 것은 정상적인 반응이지만 계속 아이를 힘들게 할 수는 없지요. 어린이집에 등원할 때마다 "지금은 선생님과 친구들과 노는 시간이야. 엄마 아빠는 **시에 만나자."라고 헤어짐과 만남에 대해 반복적으로 설명해 주세요. 이런 과정을 거치면 아이는 자연스럽게 부모와 지금은 떨어지지만, 다시 만날 수 있다는 믿음이 생기면서 불편감이 조금씩 사라져 편하게 분리될 수 있습니다. 이때 중요한 것은 부모가 인사를 할 때 편하고 행복한 표정이어야 한다는 것입니다. 만약 부모가 불안한 표정으로 인사를 한다면 아이는 부모의 말보다는 표정에서 느껴지는 불안을 더 빨리 감지해 등원할 때마다 어려움을 겪게 됩니다.

부모의 돌봄에 따라
애착이 결정돼요.

애착을 결정하는 것은 부모의 민감성, 반응성, 스킨십입니다.

애착을 결정하는 것은 부모의 민감성과 반응성, 스킨십입니다. 민감성은 아이가 보내는 신호를 부모가 빠르게 알아차리는 것이고, 반응성은 아이가 보내는 신호에 맞는 양육행동을 하는 것이며, 스킨십은 모든 양육행동에 들어가 있는 따뜻한 손길입니다.

아이가 방에서 울고 있습니다. 부모는 단번에 아이가 응가를 했다는 것을 알아차리고 기저귀를 갈아주었습니다. 이런 부모에게 민감성과 반응성이 좋다고 합니다. 이와는 반대로 부모의 민감성이 낮아 아이가 왜 우는지 모른다면, 왜 우는지 안다고 해도 반응성이 낮아 빨리 기저귀를 갈아 주지 않는다면, 아이는 정말 불편하겠지요. 또한 아이는 불편할 때마다 빨리 도와달라고 엄청 울어댈 테니 힘이 들기도 하고, 성격이 점점 더 예민하고 까다롭게 변하기도 합니다. 결국 아이는 '부모는 믿을 수 없는 존재, 사랑을 주지 않는 존재'로 인지하게 되어 애착이 불안정해집니다. 처음부터 부모가 민감성과 반응성이 좋으면 더없이 좋겠지만 그러기는 힘듭니다. 아이에게 관심을 가지고 지켜보는 과정에서 자연스럽게 민감성과 반응성이 향상되므로 '평소 난 좀 센스가 없는데, 내가 아이의 신호를 모르면 어쩌나.'하고 미리부터 걱정할 필요는 없습니다.

그리고 스킨십은 부모가 아이에게 관심과 애정을 표현하는 방법이고, 모든 양육행동은 반드시 부모의 손길을 통해 이루어지니 스킨십은 양육행동의 일부이기도 합니다. 그래서 부모와 아이는 평소 아주 많은 스킨십을 하고 있다고 생각하면 됩니다. 그러나 모든 부모가 좋은 스킨십을 한다고는 할 수 없습니다. 안아주고, 쓰다듬어주고, 토닥여 주는 좋은 스킨십이 있지만, 이와는 다르게 아프게 때리거나, 귀찮다는 듯이 함부로 대하는 나쁜 스킨십도 있기 때문입니다. 아이에 대한 부모의 애정과 잘 키우려 노력하는 마음은 반드시 따뜻한 스킨십을 통해 표현되어야 합니다. 아이랑 부모는 이심전심으로 통하는 사이가 아니니까요. 그리고 아이는 언어를 이해하거나 감정을 이해하기에는 아직 너무나 어리니까요. 사랑한다는 말도 좋지만, 사랑을 느낄 수 있는 스킨십을 통해 부모의 마음을 전달해 주어야 애착이 잘 형성됩니다.

또한 스킨십은 아이 자존감의 기초를 만드는 것에도 많은 기여를 합니다. 아이는 태어날 때 '나'라는 개념을 가지고 있지 않습니다. 그런데 부모가 늘 따뜻하게 스킨십을 해주면 그 감각을 '나'라고 인식하고, 조금씩 자존감을 만듭니다. 반대로 아프고 차가운 스킨십을 느끼게 되면 자신에 대한 부정적인 개념을 가지게 되어 높은 자존감을 기대하기 어렵습니다. 아이가 보내는 신호를 잘 알아차리고, 따뜻한 스킨십으로 반응하며 돌봐주세요. 어느 순간 부모와 아이의 애착이 단단하게 잘 형성되어 있을 것입니다.

쌤에게 물어봐요!

직장맘입니다. 아이를 등원시키고 출근을 하면 아이가 걱정되고 저녁에 만났을 때 해주고 싶은 것이 많습니다. 그런데 막상 저녁에 아이를 만나면 너무 지쳐서 놀이는커녕 안아주고 웃어주는 것도 힘들어 속상할 때가 많습니다. 이러다 애착이 안 생길까 걱정이에요.

아이랑 있는 시간이 적으면 당연히 걱정이 생기지요. 하지만 늘 해결 방법은 있답니다.

✅ 애착은 함께 하는 시간의 '양'보다 '질'이 중요합니다.

아이와 하루 종일 같이 있다고 해서 반드시 아이랑 하루 종일 좋은 시간을 보내는 것은 아닙니다. 주말을 떠올려 보면 바로 이해가 될 것입니다. 함께 하는 시간에 비례해서 애착이 만들어진다면 맞벌이 부모의 모든 아이는 문제가 생겨야겠지만 절대로 그렇지 않습니다. 오랜 시간 동안 함께 있으려 노력하기보다는 함께 있는 시간 동안 즐겁고 행복하면 충분합니다. 짧은 시간이라도 좋으니 아이에게 집중하고, 애정을 표현하길 바라봅니다.

✅ 아이랑 있을 때에만 아이를 생각해 주세요.

아침에 아이를 등원시키고 출근을 하면 하루 종일 아이가 생각나고 걱정이 되지요. 그런데 막상 퇴근 후 아이를 만나면 마음과 다르게 힘듦이 몰려오고, 짜증을 내게 되고, 계획했던 즐거운 시간을 갖지 못하는 경우가 많습니다. 이는 뇌의 착각 때문입니다. 사람의 뇌는 있는 사실 그대로를 기억하는 것이 아니라, 생각하는 대로 기억합니다. 그래서 하루 종일 아이 생각을 했다면, 뇌는 이미 하루 종일 아이를 돌봤다라고 인지하게 됩니다. 이런 상황에서 아이를 만나서 무언가 하려고 하면 '하루 종일 돌보느라 힘들었는데 또 돌봐야 해. 정말 힘들다.'라고 뇌가 반응하게 되어 몸이 더 지치게 되는 것입니다. 아이랑 있을 때에는 아이를 생각하고, 회사에 있을 때에는 회사일만 생각해 뇌가 착각하지 않도록 생각을 잘 구분해 주세요.

부모자녀 관계 맺기

기질

- 기질은 좋고 나쁨이 없어요.
- 부모와 아이의 기질 궁합이 중요해요.
- 기질에 맞는 양육이 필요해요.

기질은 좋고 나쁨이 없어요.

기질은 아이가 자신의 정서를 표현하고, 외부 자극에 대해 반응하는 특정한 반응 양식을 말합니다.

내 아이의 기질이 무엇인지, 그 기질이 좋은지 나쁜지에 대해 궁금해하는 부모가 많습니다. 아마도 아이를 잘 이해해 그 누구보다도 잘 키우고 싶다는 부모의 의지가 반영된 궁금증이겠지요? 맞습니다. 잘 이해한다면 더욱더 잘 키울 수 있습니다. 단, 기질의 틀 속에 갇혀 아이의 정서와 행동을 단정 짓고 재단하지는 않아야 합니다.

기질은 아이가 자신의 정서를 표현하고, 외부 자극에 대해 반응하는 특정한 반응 양식을 말합니다. 쉽게 말하면 아이가 일상생활 속에서 '어떻게 반응하느냐.'를 의미합니다. 이 기질은 활동성, 규칙성, 접근-철회성, 적응성, 반응성, 반응강도, 기분, 주의산만성, 주의집중력, 지구력의 10가지 기준에 의해 순한 기질, 까다로운 기질, 느린 기질로 나뉩니다.

순한 기질

순한 기질의 아이는 먹고 자는 등의 생리 현상이 규칙적입니다. 그리고 새로운 자극에 대해서도 대체적으로 긍정적인 반응을 보이고, 평소 좋은 기분을 잘 유지합니다. 또한 자신의 욕구가 충족되지 않는 상황에서 짜증을 내거나 우는 일이 적고, 부모가 달래줄 때 쉽게 그쳐 안정적인 정서를 가진 아이로 자라게 됩니다. 따라서 부모는 아이의 반응에 대해 예측할 수 있고, 아이가 부모의 의도대로 잘 따라오기 때문에 그만큼 양육하기 쉽다고 느낍니다. 그런데 문제는 평소 늘 방긋 웃고, 혼자서 잘 놀기 때문에 아무래도 부모의 손길이 덜 갈 때가 있고, 자연스럽게 자극이 부족할 수 있어 발달 지연이 나타날 수 있으므로 주의가 필요합니다. 또한 순한 기질의 아이는 부모의 의사에 반해 자신의 의사를 표현하는 일이 많지 않아 싫은 것에 대해 말하지 못하고, 되레 눈치를 보는 경우가 있습니다.

까다로운 기질

까다로운 기질의 아이는 순한 기질과 정반대라고 생각하면 됩니다. 일단 먹고 자는 일상생활이 불규칙하고, 작은 생활의 변화에 대해서 크게 울고 강하게 거부감을 표현하는 일이 많습니다. 쉽게 말하면, 예민해서 양육하기 너무 어렵다고 할 수 있습니다. 그런데 반대로 생각해 보면 아이가 좋고 나쁨에 대해 확실하게 의사표현을 하므로 어느 상황에서도 지거나 손해 보지 않는 단단한 아이로 자랄 수 있습니다. 그리고 부모의 입장에서는 이이의 욕구를 빠르고 정확하게 알아차리고 도움을 줄 수 있는 긍정적인 측면이 분명 있습니다.

느린 기질

느린 기질의 아이는 활동량이 적고 새로운 자극에 대한 거부감이 있어 반복적으로 자극에 노출된 후에야 조금씩 수용하는 반응을 보입니다. 그리고 평소 좋고 싫음에 대한 정서 반응이 적어 부모가 아이의 기분이나 생각 등을 파악하기 어려울 때가 있고, 아이의 전반적인 반응 속도나 발달이 느릴 수 있어 부모가 걱정하는 경우도 있습니다. 그러나 느린 기질의 아이는 처음에는 새로운 것에 대해 접근하고 도전하는 것이 어렵지만, 적응을 한 후에는 여유롭게 그 자극을 즐기기도 합니다. 또한 새로운 것에 자신이 생겼을 때 행동으로 도전을 시작하기 때문에 매사 조심하는 경향이 있어 안전이 보장되는 장점이 있습니다.

아이의 기질을 알아보는 방법이 있나요?

 아이의 기질을 알아보고 싶군요. 가장 좋은 건 부모가 아이를 관찰하는 것입니다.

✓ 평가척도보다 부모의 관찰이 중요합니다.

평가를 통해 객관적으로 기질을 알아보고 싶어 하는 부모가 많습니다. 물론 기질을 알아보는 평가척도가 있으나, 이 척도 또한 부모의 보고에 의해 이루어지기 때문에 부모가 아이를 관찰하는 것이 제일 좋은 방법입니다.

✓ 기질보다 상황마다 어떻게 반응하는지를 아는 것이 더 중요합니다.

아직 아이가 어리기 때문에 정확히 기질을 구분하기는 어렵습니다. 그리고 잘 때와 놀 때는 세상 순한데, 먹을 때만 예민하고 까다롭게 구는 아이가 있고, 반대의 경우도 있습니다. 따라서 세 가지 기질 중 아이가 어디에 속하는가보다는 아이가 어떤 상황에서 예민하게 굴고, 어떤 상황에서는 괜찮은지를 살펴본 후 상황별로 양육하는 것이 더 현명합니다.

부모와 아이의
기질 궁합이 중요해요.

부모와 아이는 끊임없이 상호작용을 하며 서로에게 영향을 주기 때문입니다.

모든 기질은 장단점을 동시에 가지고 있어 특정한 기질에 대해 좋고 나쁨을 말할 수는 없습니다. 그래서 어떤 기질인가보다 더 중요한 것은 부모와 아이의 기질이 맞느냐 안 맞느냐입니다. 왜냐하면 부모와 아이는 끊임없이 상호작용을 하며 서로에게 영향을 주기 때문입니다.

순한 기질의 아이 │ 아이가 바닥에 물을 쏟았다.

으앙~

순한 기질의 부모 : (아이를 안으며) 바닥에 물 쏟아서 놀랐구나. 얼른 닦자.

순한 기질의 아이 : (울음을 서서히 그치고 안정을 찾는다.)

순한 기질의 부모는 아이의 감정에 잘 반응해 안정시키고, 문제를 잘 해결합니다. 순한 기질의 아이도 쉽게 안정을 찾게 됩니다.

까다로운 기질의 부모 : (아이를 무섭게 쳐다보며) 왜 물을 쏟고 그래. 조심해야지. 저리 비켜봐 닦게.

순한 기질의 아이 : (부모의 눈치를 살피며 억지로 울음을 삼킨다.)

까다로운 기질의 부모는 상황에 대해 예민하게 반응하고, 흥분하며, 순한 기질의 아이는 울음을 그치기는 하지만 부모의 눈치를 보며 위축될 수 있습니다.

느린 기질의 부모 : (시간이 흐른 후) 닦자.

순한 기질의 아이 : (물을 밟고 넘어진다.)

느린 기질의 부모는 상황을 정리할 때까지의 반응이 느릴 수 있습니다. 그래서 순한 기질의 아이는 부모가 바닥을 닦는 반응을 보이기 전에 이미 바닥에 쏟은 물을 밟아 미끄러지는 등의 2차적인 위험에 노출될 수 있습니다.

까다로운 기질의 아이 아이가 넘어져서 무릎에 피가 난다.

으앙~

순한 기질의 부모 : (아이를 일으켜 세우며) 어머. 아프겠다. 약 바르자.

까다로운 기질의 아이 : (많이 울다가 그친다.)

순한 기질의 부모는 아이의 감정을 잘 수용하고, 위로하며, 문제를 해결합니다. 까다로운 기질의 아이는 쉽게 울음을 멈추기는 어렵지만 부모의 돌봄을 통해 서서히 울음을 그칩니다.

까다로운 기질의 부모 : (아이를 일으켜 세우며 흥분된 목소리로) 어머! 피~ 조심하라고 했잖아.

까다로운 기질의 아이 : (흥분해 더 크게 운다.)

까다로운 기질의 부모와 까다로운 기질의 아이 모두 함께 흥분해 감정적으로 대하며, 문제가 커지고 해결될 때까지 시간이 오래 걸립니다.

느린 기질의 부모 : 괜찮아. 약 바르면 돼.

까다로운 기질의 아이 : (달래지지 않고 더 크게 운다.)

느린 기질의 부모는 아이의 상태에 대해 민감하게 반응하지 못하기 때문에 까다로운 기질의 아이는 자신의
마음을 몰라주고 위로가 되지 못하는 부모를 향해 더 크게 울고 화를 내게 됩니다

 느린 기질의 아이 키즈카페에서 두리번거릴 뿐 놀지 못한다.

순한 기질의 부모 : 재밌는 게 너무 많네. 뭐 하고 놀면 재밌을지 찾아보자.

느린 기질의 아이 : (키즈카페를 탐색한다.)

순한 기질의 부모는 아이의 감정을 수용하고, 배려하며, 스스로 놀잇감을 선택할 때까지 여유롭게 기다려 줍
니다. 느린 기질의 아이도 부모의 격려에 용기를 내어 서서히 탐색을 시작하고, 그 범위를 넓혀갑니다.

까다로운 기질의 부모 : 자동차 탈래? 기차도 재밌겠네. 가서 놀아봐.

느린 기질의 아이 : (쭈볏 거리며 서 있는다.)

까다로운 기질의 부모는 빠르게 문제를 해결하려 합니다. 따라서 놀이를 선택하지 못하고 서 있는 아이에게
답답함을 느껴 재촉하게 됩니다. 이런 부모의 행동에 느린 기질의 아이는 더욱 위축되어 놀잇감을 선택하기
어려워지고, 서서히 자신감도 떨어지게 됩니다.

느린 기질의 부모 : (느긋하게) 놀아.

느린 기질의 아이 : (키즈카페를 눈으로만 탐색한다.)

느린 기질의 부모와 느린 기질의 아이 모두 반응이 느리기 때문에 아이가 키즈카페에 적응하는 데 시간이 오
래 걸립니다. 그리고 어쩌면 놀이를 하지 못하고 집으로 돌아갈 수도 있습니다. 아이와 부모 모두 불편하지
않을 수 있지만, 주변 사람들의 눈에는 답답하고 서로에게 관심이 없는 듯이 비춰질 수 있고, 아이의 탐색 활
동이나 놀이 욕구 등이 제한될 수 있습니다.

아이가 태어나면 같이 하고 싶은 게 정말 많았습니다. 그런데 아이는 별 관심이 없어요. 어떻게 해야 할까요?

 아이를 많이 기다렸고, 아이와의 즐거운 생활에 대한 기대가 많았군요. 그만큼 실망하는 마음도 클 것 같아 마음이 아프네요.

✅ **아이가 뭘 좋아하는지 관찰합니다.**

부모가 하고 싶은 것과 아이가 하고 싶은 것은 분명 다릅니다. 특히나 아직 어린아이라면 경험이 부족하기 때문에 호기심의 범위가 넓지 않고, 선택의 폭이 좁으며, 무엇보다 어른인 부모가 제시하는 자극이 버거울 수 있습니다. 분명 아이가 좋아하는 것이 있을 것입니다. 더 좋은 것을 해주려고 하기보다는 아이가 좋아하는 것부터 같이 해 보면 좋겠습니다.

✅ **아이와 즐거운 신체 놀이를 합니다.**

아이는 경험을 통해 새로운 호기심이 생기기도 하므로 부모와의 즐거운 놀이를 하는 것이 필요합니다. 놀이는 놀잇감 위주가 아니라 부모와 함께 하는 신체놀이가 좋습니다.

기질에 맞는
양육이 필요해요.

부모는 아이를 양육할 때 기질의 장점은 살리고, 단점은 보완해 줄 수 있어야 합니다.

좋은 기질과 나쁜 기질은 없습니다. 그러나 아이가 가진 기질의 특성 중에서 분명 부모와의 갈등을 유발하거나 일상생활에 대한 적응을 어렵게 만드는 것들이 있습니다. 이에 대해 타고난 기질이니까 어쩔 수 없다고 그냥 둔다면 아이도 부모도 겪어야 하는 힘듦이 많아집니다. 그래서 부모는 아이를 양육할 때 기질의 장점은 살리고, 단점은 보완해 줄 수 있어야 합니다. 기질별로 올바르게 양육하는 방법에 대해 알아보겠습니다.

주장하기를 가르쳐야 하는 순한 기질

순한 기질의 아이는 부모입장에선 키우는 게 쉽고 편할 수 있지만, 아이는 부모의 의견에 동의하며 자신의 생각을 잘 말하지 못해 기회를 뺏길 수 있어 마음이 불편할 수 있습니다.

순한 기질의 아이를 양육할 때에는 첫 번째, 아이에게 관심을 보여주고 잘 살펴주어야 합니다. 평소에 '좋고 싫음'을 정확하게 말하는 아이가 "좋아요."라고 말하면 정말 좋은 것입니다. 그런데 순한 기질의 아이는 거의 '좋음'일 경우가 많아서 진짜로 좋은 것인지, 부모의 말이니 좋다고 하는지 구분을 해야 합니다.

두 번째, 주관식으로 질문을 해야 합니다. 부모가 아이에게 "우유 마실래?"라고 말하면 순한 기질의 아이는 자기 마음을 생각해 보기보다는 그냥 부모가 주는 대로 우유를 먹을 확률이 높습니다. 그래서 자기주장 능력이 부족해질 수 있거나, 부모의 눈치를 보며 부모가 원하는 대로 하는 아이로 자랄 수 있습니다. 그래서 "뭐 마시고 싶니?"라고 질문하는 것이 좋습니다.

세 번째, 감정을 읽고, 이야기를 끝까지 들어주어야 합니다. 좋고 싫음에 대해 정확히 인지하고, 자신의 주장을 할 수 있어야 하므로 수용이 반드시 필요합니다. 그리고 아이가 말하는 것을 끝까지 들어주며 자유롭게 자신의 의견을 말할 수 있도록 기회를 주어야 합니다.

감정을 다독여야 하는 까다로운 기질

까다로운 기질의 아이는 좋고 싫음에 대해 정확히 표현합니다. 그러나 표현이 상황에 맞지 않게 격하게 나타나 문제가 됩니다.

까다로운 기질의 아이를 양육할 때에는 첫 번째, "화났구나. 화 풀고 이야기하자."라고 감정을 가라앉힐 수 있도록 다독여 주는 것이 필요합니다. 그런데 마음이 급한 부모가 함께 화를 내어 상황을 더 악화시키기도 하고, 때로는 아이가 원하는 대로 해주어 더욱 예민해지게 할 때도 있습니다. 문제를 해결하기 위해 부모가 노력하기보다는 아이가 감정을 안정시키고, 스스로 해결하도록 도와주어야 하므로 감정을 먼저 안정시켜 주는 것이 필요합니다.

두 번째, 감정이나 생각을 표현하는 방법을 알려줍니다. 표현하는 것이 문제가 아니라, 표현 방법이 문제가 되는 것이므로 거친 행동이 아니라 기본적인 예의를 지키는 말로 표현할 수 있게 가르쳐야 합니다. 이럴 경우 까다롭고 예민함까지 의사표현을 정확히 하는 장점으로 작용할 수 있습니다.

세 번째, 다양한 자극을 경험하게 하는 것입니다. 아이가 예민해지는 것은 자극을 수용하기 어렵다는 뜻입니다. 그렇다고 해서 자기에게 딱 맞도록 환경을 만들고, 그 안에서만 생활할 수는 없지요. 그래서 아이가 다양한 자극들에 대해 조금씩 경험하며 '안전하구나. 괜찮네.'라고 스스로 느끼고 적응하는 과정이 필요합니다.

기다려줘야 하는 느린 기질

느린 기질의 아이는 반응이 느리고, 흥미가 없어 보여 뭔가 시작할 때까지 시간이 오래 걸리고, 부모를 답답하게 합니다. 그래서 부모가 마음을 내려놓고 여유롭게 아이를 대하는 것이 가장 좋습니다.

느린 기질의 아이를 양육할 때에는 첫 번째, "천천히 구경하고, 하고 싶을 때 해 보자."라고 말해 아이가 스스로 충분히 탐색하고, '해도 괜찮겠다.'라는 생각이 들 때까지 기다려 주는 양육이 필요합니다. 그런데 대개는 이와는 반대로 마음이 급한 부모가 이것저것 해 보라고 권할 때가 많지요. 이럴 경우 아이는 '난 못하는 아이야.'라고 위축감을 느끼게 되니 절대로 아이 속도보다 빠르게 자극을 제시해서는 안 됩니다.

두 번째, 아이가 무언가 해 보고자 한다면 "재밌겠네. 한번 해 보자. 할 수 있을 거야."라고 격려의 말을 꼭 해야 합니다. 아이는 많은 고민 끝에 선택을 했으나, 사실 스스로 확신이 없을 수도 있지요. 이럴 때 부모의 따뜻한 격려는 아이에게 자신의 선택에 대한 확신을 주어 더욱 적극적으로 임할 수 있도록 도와줍니다. 덧붙여 "그거 별로야."라고 아이의 선택을 무시한다거나, "이렇게 잘 놀 거면서 왜 안 놀았어."와 같은 칭찬도 비난도 아닌 애매한 표현들은 아이를 위축되게 하고, 자신의 선택을 신뢰하지 못하게 만들므로 절대로 해서는 안 됩니다.

쌤에게 물어봐요!

 아이에게 "뭐 마시고 싶니?"라고 물었는데, 아이가 선택을 못 하거나 콜라와 같이 안 마셨으면 하는 것을 선택하면 어떻게 해야 하나요?

 이런 상황은 충분히 발생할 수 있습니다. 아직 어리니까요.

✅ **주관식으로 물은 뒤 객관식으로 물어봅니다.**

처음에는 주관식으로 물어봅니다. 아이가 선택을 못 하면 "우유랑 주스가 있는데, 뭐 마실래?"라고 객관식으로 물어보고 그중에서 선택하게 하면 됩니다. 이런 경험을 많이 할수록 선택을 잘하게 된답니다.

✅ **콜라를 마실 수 있는 때를 알려줍니다.**

부모의 마음과는 다르게 콜라를 선택하면 참 난감하지요. 대개는 "안 돼."라고 거절을 하게 되고, 아이는 울게 됩니다. 먹고 싶은데 못 먹게 하면 더 먹고 싶어지지요. 그래서 언제 먹을 수 있는지 가르쳐 주는 것이 올바른 양육방법입니다. 독극물이라면 절대로 먹으면 안 되겠지만, 사실 콜라 정도는 지금은 안 되지만 언젠가 당연히 마실 수 있는 것이니까요. 따라서 "콜라는 (언제) 마시는 거야."라고 연령이나 상황을 정해주면 됩니다. 반복되는 양육을 통해 콜라를 언제 마시는지 알게 된 아이는 그 상황 외에는 콜라를 찾지 않게 됩니다.

여섯 부모자녀 관계 맺기

대화

- 대화가 통하는 친구 같은 부모가 되고 싶어요.

- 언어발달에는 순서가 있어요.

- 언어발달에 필요한 자극이 있어요.

- 대화에도 방법이 있어요.

- 아빠 모국어와 엄마 모국어를 함께 배워요.

대화가 통하는 친구 같은
부모가 되고 싶어요.

부모가 해야 할 일은 잘 들어주고, 반응을 보여주는 것입니다.

부모교육 시간에 예비 부모들에게 "어떤 부모가 되고 싶은가요?"라고 실문을 하면 단연코 1위는 '대화가 통하는 친구 같은 부모'입니다. 그러나 시간이 좀 지나 첫 돌 정도의 아이를 키우는 부모에게 같은 질문을 하면 "아이가 아직 말을 잘 못 하니까 대화를 못 해요."라고 하고, 두 돌 이상의 아이를 키우는 부모에게 질문을 하면 "아이가 고집을 너무 피워 말이 안 통해요."라고 합니다. 초등학생 아이의 부모는 "아이가 따박따박 말대답이 심해 말하기 싫어요.", 사춘기 아이의 부모는 "아이가 방에서 안 나와서 대화를 못 해요."라고 말합니다. 어느 한 시기라도 대화가 쉬울 때가 없지요. 그런데 부모는 말을 못 하고, 대화를 못 하는 사람이 아닙니다. 그렇다면 아이와 대화는 왜 이렇게 어려울까요? 바로 아이의 언어를 이해하지 못하기 때문입니다.

외국인이 한국에 왔습니다. 당연히 한국어를 배우는 과정이니 대화가 어려울 것입니다. 이 외국인과 대화를 할 때 처음에는 언어 자체보다는 표정과 바디랭귀지에 집중을 하고, 나중에 떠듬떠듬 한 단어로 말을 하면 우리가 반갑게 반응해 주지요. 시간이 조금 더 지나 서툴지만 문장으로 말하게 되면 우리는 "한국말 잘하네요."라고 칭찬도 아끼지 않습니다.

아이와의 대화도 동일합니다. 처음에는 외계어와 같은 옹알이를 합니다. 그런데 한 달 지나고, 두 달 지나면 아이의 옹알이에도 감정이 표현되기 시작하고, 부모가 이해하기 시작합니다. 그리고 돌이 지나 한 단어로 말을 하고, 두 돌이 지나 두 단어로 말을 하고 질문이 늘어납니다. 세 돌이 되면 3~4개의 단어로 문장을 표현하며 말을 더욱 잘하게 됩니다. 이런 과정에서 부모가 해야 할 일은 잘 들어주고, 반응을 보여주는 것입니다. 기본 중의 기본인 이 원칙만 지켜도 아이가 말을 할 맛이 나고, 부모와 대화가 즐겁다는 것을 느끼게 되니 부모 옆에서 늘 재잘재잘 이야기를 하게 됩니다. 그런데 이 기본 원칙을 피곤하다는 이유로, 귀찮다는 이유로, 바쁘다는 이유로 부모가 지키지 못하면 아이는 자연스럽게 말을 하지 않게 되고 혼자 놀게 되어 대화는 커 갈수록 어려워집니다. 듣고 반응하기! 꼭 기억하고 원했던 만큼 실컷 대화로 소통하는 부모가 되길 바랍니다.

쌤에게 물어봐요!

 아이가 옹알이를 하는데, 어떻게 반응을 해줘야 할지 모르겠어요

 아이와 대화를 하고 싶지만 어렵지요. 아이 마음을 배우면 됩니다.

☑ **부모도 아이를 다 알기는 어렵습니다.**

부모라고 해서 아이의 말을 다 이해하는 것은 아닙니다. 다만, 아이를 관찰하며 어떤 상태인지, 무슨 표현을 하고 싶은지를 조금씩 알아 갈 뿐입니다. 그러니 모른다고 해서 조급해하거나 답답해하지 않아도 됩니다. 조금 더 알기 위해 노력하는 자세가 필요합니다.

☑ **아이의 감정에 반응해 줍니다.**

아이의 생각은 잘 모르겠지만 아이의 표정을 보면 기분이 좋은지 나쁜지는 알 수 있습니다. 그러므로 "기분이 좋네." 혹은 "기분이 안 좋네."라고 표현해 주어도 됩니다. 조금 더 깊이 있게 표현하자면 "응가해서 배가 편하구나." 혹은 "배고파서 짜증났구나."라고 아이의 상황을 살펴보고 유추해서 말을 해주면 됩니다. 부모가 아이의 감정을 잘 못 파악해 표현이 상황에 맞지 않을 수도 있지만, 표현을 하지 않고 가만히 있는 것보다는 훨씬 좋으니 감정에 반응하려 노력해 주세요.

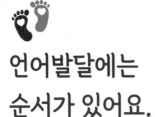

언어발달에는
순서가 있어요.

발달은 모두 순서가 있듯이, 언어발달도 순서가 있습니다.

　발달은 모두 순서가 있듯이, 언어발달도 순서가 있습니다. 특히 언어빌딜은 흔히 언어능력이라고 알고 있는 '듣기, 말하기' 외에도 학습과 연관된 '읽기, 쓰기'가 포함됩니다. 발달순서는 듣기 → 말하기 → 읽기 → 쓰기의 단계로 이어집니다. 아이에게 조기교육을 한다고 어릴 때부터 읽고 쓰기를 강조하며 가르치는 경우가 있는데, 이는 걷지 못하는 아이에게 달리기를 시키는 것과 같으니 하지 않도록 주의해야 합니다. 그리고 세 돌까지는 듣기와 말하기가 발달하는 시기이므로 이 책에서는 듣고 말하기에 대한 이야기를 나누고, 읽고 쓰기는 다음 책에서 이야기하겠습니다.

듣기를 통한 언어이해 발달

　아이의 듣기 능력은 배 속에서부터 발달합니다. 그래서 태담을 잘해 준 부모의 아이는 태어난 직후 부모의 목소리에 반응을 할 수 있습니다. '수다쟁이 부모가 아이를 잘 키운다.'는 말이 있지요. 이 말은 아이가 듣기를 통해 세상을 배운다는 뜻이고, 가장 가까이 있는 부모가 말을 많이 들려주어야 한다는 뜻입니다. 어릴 때부터 어린이집에 가는 아이의 경우에는 교사나 또래들로부터 말을 들을 수 있지만, 그렇지 않은 아이라면 오직 부모의 말을 듣고 언어발달이 이루어지는 상황이니 당연히 부모가 들려주는 말은 한없이 중요해집니다. 그런데 말을 많이 들려주는 것이 그리 쉽지 않습니다. 아이를 키우고 있으니 알겠지만, 어떤 날은 숟가락 하나 들기 어려울 정도로 힘이 없는 날이 있고, 말 한마디 하기 싫은 날도 있습니다. 몸이 아픈 것일 수 있겠지만, 그보다는 마음이 힘들고 지칠 때 더욱 그렇습니다. 부모가 우울감이 많거나, 한국어가 서툴다는 이유로 말을 많이 들려주지 않을 경우 아이의 언어발달이 현저히 지연되는 경우가 있습니다. 조금은 수다스럽게 말을 들려주면 좋겠습니다.

부모가 말을 들려줄 때는 첫 번째, 아이와 눈을 맞추고 말을 합니다. 눈을 맞추지 않고 말을 하게 되면 아이는 자신에게 하는 말인 줄 모릅니다. 그리고 처음 말을 배울 때부터 말하는 태도를 함께 배워야 하므로 반드시 눈을 맞추고 말을 해주세요.

두 번째, 리듬감 있게 말을 합니다. 어른들끼리 말을 할 때 무뚝뚝하게 말을 하는 사람이라도 아이와 말을 할 때는 말투와 톤이 변하는 것 다 알고 있지요? 말에 높낮이가 생기고, 혀 짧은 소리가 나기도 합니다. 리듬감 있는 말을 했을 때 아이가 더 흥미를 느끼고 관심을 보이기 때문에 아이와 대화를 하고 싶은 어른은 리듬감 있게 대화를 하게 됩니다. 리듬감을 통해 아이가 대화의 즐거움을 느끼도록 해주세요.

세 번째, 의성어와 의태어를 많이 들려줍니다. 의성어와 의태어는 단순한 말이 반복되기에 아이가 배우기 쉽고, 사람이나 동물, 사물의 특징을 이해할 수 있으며, 언어를 이미지화하는 능력과 상상력을 키울 수 있습니다. 그래서 아이들이 보는 동화책 중에는 처음부터 끝까지 의성어와 의태어로 가득 채워진 것도 있습니다. 의성어와 의태어를 활용하여 재밌게 말해 주세요.

네 번째, 부모가 아이에게 지금 상황과 해야 하는 행동에 대해 말로 표현합니다. "밤이야. 자자. 불 끄자. 양말 신자. 밥 먹자. 자동차 타고 가자." 등 일상생활을 문장으로 된 말로 들려줍니다. 부모가 문장으로 말을 해줄 때 아이는 단어뿐만 아니라 알고 있는 단어를 상황에 맞게 사용하는 방법을 익히게 됩니다. 단, 긴 문장은 아이가 듣고 이해하기 어려우니 짧은 문장으로 말해야 합니다. 그리고 아이가 어릴 경우 "까까. 지지. 쉬."와 같은 아기말을 사용할 때가 있습니다. 이런 아기말은 아이가 연령이 증가하면서 자연스럽게 "과자. 더러워. 소변."으로 인지하게 되므로 사용해도 괜찮습니다.

0~12개월

- 주변의 소리에 관심을 보입니다.
- 이름을 부르면 고개를 돌려 쳐다봅니다.

12~24개월

- "빠이빠이, 안녕."이라는 말을 듣고 행동으로 표현합니다.
- 신체 부위를 손가락으로 가리킬 수 있습니다.
- '끄다, 켜다, 열다, 닫다.'와 같은 생활 언어를 이해하고 지시를 따를 수 있습니다.

24~36개월

- 간단한 질문에 "예.", "아니오."로 대답을 할 수 있습니다.
- 이름을 물으면 말할 수 있습니다.
- '크다, 작다, 똑같다, 다르다, 위, 아래.'와 같은 반대의 의미를 이해합니다.
- 목이 마를 때 물을 마시는 것과 같이 일상적인 상황에 대한 적절한 행동을 할 수 있습니다.

쌤에게 물어봐요!

아이에게 말을 하는데 아이가 제 말을 못 듣는 건지, 안 듣는 건지 모르겠어요.

아이가 알아듣는지 아닌지 헷갈리지요? 이럴 때에는 아이가 알아들을 수 있도록 말하는 것이 중요합니다.

☑ **아이와 눈을 맞추고 말을 합니다.**

부모의 눈에는 아이가 그냥 아무것도 안 하는 것처럼 보이지만, 아이는 주변의 모든 것에 관심을 가지고 열심히 탐구하고 있는 중일 수 있습니다. 그래서 집중을 시키지 않은 상태에서 말을 하면 못 들을 수 있습니다. 아이에게 다가가 눈을 맞추고 부모에게 집중을 시킨 후 말해 주세요.

☑ **짧은 문장으로 말합니다.**

부모는 아이의 이해를 돕기 위해 긴 문장으로 설명을 할 때가 있습니다. 그러나 오히려 아이는 문장이 길어 이해하기 어려울 수 있습니다. 짧은 문장으로 간단히 말하는 것이 좋습니다.

말하기를 통한 언어표현 발달

아이는 듣기 다음으로 말하기가 발달합니다. 아이가 말을 하면 들어주는 사람이 있어야겠지요? 가장 가까이에서 아이의 말을 들어주는 사람은 부모입니다. 그래서 아이는 듣고 말하기 순서로 부모와 대화를 하고, 부모는 말하고 듣기 순서로 아이와 대화를 합니다. 그리고 아이가 돌 무렵부터 말을 하기 시작하면, 듣기와 말하기는 늘 동시에 일어나기 때문에 순서가 중요하지 않으며, 이때부터는 부모가 아이의 말에 어떻게 반응해 주는가가 중요해집니다.

아이가 말을 잘하도록 가르치기 위해서는 첫 번째, 부모가 잘 들어주어야 합니다. 아이가 말을 하고 있는데 들어주는 사람이 없다면 재미가 없어 말을 하려 하지 않거나 혹은 혼자 말하는 것에 익숙해져 사람들과 말하는 것이 어렵게 됩니다.

두 번째, 말을 듣고 있다는 반응을 보여주어야 합니다. 아이는 어리기 때문에 한 단어로 표현하거나, 짧은 문장으로 말하는데, 말의 시작과 끝이 모호해 끝까지 기다렸다가 반응하기는 어렵습니다. 아이가 말을 할 때 부모가 고개를 끄덕이거나 "그래. 그랬구나. 아~."와 같이 듣고 있다는 반응을 꼭 해주어야 합니다.

세 번째, 아이의 요구에 적당히 반응해 줍니다. 아이는 하고 싶은 것과 먹고 싶은 것들에 대해 말을 합니다. 이때 부모가 무조건 거절한다면 아이는 좌절감을 느끼고 화를 내거나, 아예 포기해 말을 하지 않게 됩니다. 반대로 아이가 말로 요구하지 않았는데, 부모가 알아서 해주는 경우가 있습니다. 이럴 경우에 아이는 말을 할 필요가 없으므로 말이 부족한 아이가 됩니다. 이로 인해 또래들 사이에서도 '엄마 아빠처럼 나에게 해주겠지.'라고 생각하고 가만히 있어 소극적인 성격이 되거나, 소소하게 자신의 것을 잘 챙기지 못해 손해를 보는 일이 있으니 주의해야 합니다. 그래서 아이가 말로 요구를 할 때 딱 그만큼만 도움을 주면 되고, 부득이 도움을 주지 못할 경우는 이유를 설명해 주어야 합니다. 그러면 아이는 자신이 원하는 것을 정확히 말할 수 있고, 적당히 수용되는 경험을 통해 되는 것과 안되는 것의 구분을 짓고, 그에 맞게 행동할 수 있어 일상생활에 대한 적응력이 향상됩니다.

네 번째, 억지로 말을 가르치지 않습니다. 아이의 언어발달을 위해 놀이를 할 때마다 놀잇감의 이름을 반복적으로 말하고 아이가 말을 따라 하도록 지도를 하는 경우가 있는데, 이럴 경우 오히려 아이는 말이 더 하기 싫어지게 됩니다. 말은 듣고 자연스럽게 하는 것이지, 해 보라고 지시하고 가르칠 때 하는 것이 아닙니다. 아이가 말을 잘하길 바란다면 가르치기보다는 많이 들려주고, 아이의 말에 반응을 많이 해주는 것이 효과적입니다.

다섯 번째, 아이의 잘못된 발음을 지적하지 않습니다. 부모는 아이의 발음이 좋지 않을 경우 신경이 쓰여 교정해주려 노력을 합니다. 가장 흔한 방법이 잘못 발음할 때마다 다시 시키는 것입니다. 이런 방법은 아이에게 말을 하기 싫어지도록 만들고, 자신감을 떨어뜨리니 하지 않아야 합니다. 대신에 아이가 헬리콥터를 보고 "헬"이라고 발음했다면 "아~ 헬리콥터."라고 정확히 들려주기만 하면 됩니다. 참고로 아이의 발음이 정확해지는 시기는 24개월 이상 'ㅍ, ㅁ, ㅇ', 36개월 이상 'ㅂ, ㅃ, ㄸ, ㅌ', 48개월 이상 'ㄴ, ㄲ, ㄷ', 60개월 이상 'ㄱ, ㄲ, ㅈ, ㅉ', 72개월 이상 'ㅅ'입니다.

언어표현발달

0~12개월

- 옹알이를 합니다.
- '엄마, 아빠'와 같은 한 단어로 의사를 표현할 수 있습니다.

12~24개월

- 단어나 소리로 먹을 것을 달라고 말할 수 있습니다.
- 1~2개의 단어를 연결해 문장으로 말할 수 있습니다.
- 신체 부위의 이름을 5개 이상 말할 수 있습니다.
- 그림책을 보고 친숙한 사물의 이름을 2개 이상 말할 수 있습니다.

24~36개월

- 2~3개의 단어를 연결해 문장으로 말할 수 있습니다.
- 친숙한 사물의 이름을 5개 이상 말할 수 있습니다.
- 자기 물건에 대해 '내 것'이라고 말할 수 있습니다.
- "싫어. 안해."와 같은 부정문을 사용할 수 있습니다.
- "이거 뭐야?"와 같이 사물에 대한 질문할 수 있습니다.
- 간단한 도형의 이름을 말할 수 있습니다.

아이가 말은 다 알아듣는데, 말을 잘 하지는 않습니다. 언어발달이 느린 걸까요?

 걱정되는군요. 아이의 언어 환경과 발달을 살펴볼 필요가 있습니다.

✅ 아이가 말을 할 환경이 필요합니다.

아이가 말을 하지 않아도 불편하지 않은 환경인지 살펴봐 주세요. 만약 그렇다면 지금부터는 아이가 말로 자신의 요구를 표현할 때까지 기다렸다가 반응해 주면 됩니다.

✅ 언어발달 검사를 해주세요.

아이의 언어발달이 또래에 비해 늦을 수 있습니다. 가까운 의료기관을 방문해 현재의 언어발달 상태를 확인해 보는 것이 좋습니다. 혹시나 언어발달이 느리면 어떻게 해야 하나 하는 걱정과 불안으로 검사를 꺼리는 경우가 있는데, 이럴 경우 언어발달을 돕기 위한 개입만 늦어집니다. 발달 초기에 치료적 개입을 할 경우 예후가 더 좋습니다.

언어발달에 필요한
자극이 있어요.

언어발달에는 자극의 양이 중요하지만, 어떤 종류의 자극인지도 매우 중요합니다.

아이의 인지발달과 신체발달에 놀이 자극이 필요한 것처럼, 언어발달도 지극이 필요합니다. 자극이 적당하면 아이가 말하는 것을 재미있게 배우고, 말을 통해 의사를 표현할 수 있어 부모와 아이의 생활이 점점 편해집니다. 그런데 자극이 너무 많으면 아이가 피곤하고 귀찮아져 말을 하지 않으려 하고, 사람을 피하게 됩니다. 반대로 자극이 너무 없다면 아이가 말을 배우지 못해 갑갑함을 느끼고, 감정의 동요가 생길 때마다 행동으로 표현해 또래 관계를 비롯한 인간관계에 부정적인 영향을 미치게 됩니다.

언어발달에는 자극의 양이 중요하지만, 어떤 종류의 자극인지도 매우 중요합니다. 언어발달에 영향을 가장 많이 미치는 대화, 책, 스마트폰을 중심으로 언어발달을 촉진하는 자극에 대해 알아보겠습니다.

최고의 자극은 주고받는 대화

외국어를 잘하기 위해 어학연수를 많이 떠납니다. 물론 국내에서도 외국어를 배울 수 있지만, 더 유창하게 하려면 그 언어를 사용하는 나라에서 더 많은 외국인과 대화를 하는 것이 효과적이기 때문입니다. 그리고 단순히 외국어만이 아니라 그 나라의 문화를 알게 되어 미묘한 감정과 생각을 표현할 수 있을 때 진정으로 외국어를 잘하게 됩니다.

아이도 이와 동일한 과정을 거치며 말을 배웁니다. 그래서 아이는 대화를 통해 말만 배우는 것이 아니라 말보다 먼저 말을 할 때의 표정과 몸짓 같은 비언어적 메세지를 통해 감정을 익힙니다. 감정을 익히고, 그다음에 감정을 표현하는 말을 배우고, 상황에 맞게 사용하는 것입니다. 때문에 부모는 아이에게 말을 할 때 말만 잘하기 위해 애를 쓰는 것이 아니라, 말에 맞는 표정과 몸짓, 스킨십도 잘해서 아이에게 말의 뉘앙스를 잘 이해하게 한 후 적절하게 사용할 수 있도록 해야 합니다. 어른 중에도 말은 참 잘하는데 뭔가 상황에 딱 들어맞지 않는 경우가 있지요? 이런 경우가 바로 대화의 경험이 부족해 감정의 소통이 원활하지 않기 때문입니다.

그리고 대화는 일방적인 연설이 아니므로 탁구 경기에서 탁구공을 주고받는 것처럼 부모가 한 번 말하고, 아이가 한 번 말하는 주고받기를 해야 합니다. 이를 위해서는 부모가 대화를 할 때 아이를 가르친다기보다는 감정과 생각을 나눈다라는 것을 꼭 기억하고 있어야 합니다. 물론 지금은 아이가 어려서 불가능하다고, 불필요하다고 생각할 수도 있지만, 아이는 매일 자라고 있어 곧 이렇게 감정과 생각을 나눌 수 있는 날이 온답니다. 그런데 어릴 때부터 이런 대화를 해 본 적이 없다면 어느 날 말을 잘하게 되더라도 대화를 하는 방법을 몰라 대화가 어렵습니다.

아이의 언어발달을 위해서 부모가 아이와 대화하는 것 못지않게 부모가 서로 대화하는 모습을 보여주는 것도 중요합니다. 부모의 행복한 대화 모습을 많이 보여주세요.

언어를 확장하는 책

말을 익히는 것에 대화가 가장 좋다고는 하지만 모든 말을 대화로만 익힐 수는 없습니다. 군인과 교사가 사용하는 말이 다르고, 할머니와 엄마가 사용하는 말이 다르고, 과거와 현대의 말이 다릅니다. 사람은 자신의 직업과 나이, 사는 시공간에 따라 사용하는 단어의 종류와 표현 방법이 다르기 때문입니다. 그리고 사람의 경험은 한정적이기 때문에 세상의 모든 것을 직접 경험만을 통해 익히기는 어렵습니다. 그래서 책을 통해 평소에 잘 사용하지 않는 어휘와 표현을 익히고, 세상에 대한 간접 경험을 통해 말뿐만 아니라 사회에 대해 익히고, 창의력과 꿈을 키워나가야 합니다. 이것이 입시에 필요한 학습적인 능력 외에도 책을 읽어야 하는 이유입니다.

아이가 있는 집이라면 흑백 초점책부터 시작해 갖가지 책들이 구비되어 있기 마련입니다. 책을 통해 언어가 확장되도록 즐겁게 읽어주는 것이 중요합니다.

제한적으로 사용해야 하는 스마트폰

유모차를 타고 다니는 아이도 스마트폰을 사용하는 것이 굉장히 자연스러운 일상이 되었습니다. 요즘은 아예 유모차에 스마트폰 거치대가 있더라고요. 그런데 스마트폰으로 영상을 보여주면서도 못 보게 하려는 부모가 많습니다. 좋은 영향과 나쁜 영향 중에 나쁜 영향에 더욱 신경이 쓰이기 때문입니다. 그렇다면 좋은 영향과 나쁜 영향에 대해 잘 알고, 좋은 영향만 주면 되겠지요.

스마트폰이 아이에게 미치는 좋은 영향은 무엇일까요? 가장 좋은 건 부모를 편안하게 해주는 것입니다. 유모차를 타고 이동하거나 밥을 먹을 때 이만한 도우미가 없지요. 스마트폰으로 영상만 딱 보여주면 아이가 울고 보채기를 멈추고 영상 속으로 들어갈 듯이 집중을 하거든요. 그리고 이렇게 집중을 하는 것을 보면 집중력이 커질 것 같고, 영상을 통해 교육적인 자극도 있으니 언어와 인지가 발달할 것 같지요. 그런데 스마트폰 사용을 제한하는 이유는 우리가 생각하는 이런 긍정적인 영향 외에도 부정적인 영향이 따라오기 때문입니다.

부정적인 영향은 첫 번째, 사람과 주고받는 대화의 기회가 부족해서 오는 언어발달의 지연입니다. 이해가 안 되지요? 그렇게 말을 많이 듣는데 말이 늦어지다니요. 언어는 일방적인 것이 아니라 쌍방적인 소통의 도구입니다. 그래서 주고받는 대화를 통해 발달하는 것인데, 영상은 아이에게 가만히 듣고 보게 할 뿐 말을 시키지 않습니다. 그래서 영상을 보여줄 때에는 부모가 함께 보면서 영상에 나오는 말과 행동을 아이와 함께 따라 하며 상호작용을 하는 것이 좋습니다.

두 번째, 집중력의 부족입니다. 영상에 그렇게 집중을 하는데 집중력이 부족해지다니, 살짝 이해가 안 되고 의심이 들지요? 아이가 무엇에 집중하며 집중력을 길렀는지가 중요합니다. 아이가 영상을 통해 집중하는 것은 화려한 음악과 순식간에 변하는 화면입니다. 굉장히 빠르고 화려한 자극입니다. 그런데 집중력이 필요한 일상 속 활동인 놀잇감 조작이나 독서, 조금 더 자라면 하게 될 학습은 상대적으로 느리고 심심한 자극입니다. 당연히 빨리 싫증을 내고 다른 것을 찾게 되니 집중력과는 거리가 멀어지게 됩니다.

세 번째, 성급한 성격의 형성입니다. 아이가 울고 보채면 달래주거나 원인을 찾아 해결하기보다는 우선적으로 영상을 보여주는 부모가 많아지고 있습니다. 울 때 스마트폰 영상을 틀어주는 이런 즉각적인 반응은 아이를 점점 즉각적인 반응에 익숙해지도록 해 잠시 기다리는 것도 못 하는 성급한 성향을 가진 아이로 자라게 만듭니다.

따라서 스마트폰을 꼭 사용해야 한다면, 아주 제한적인 상황에서 사용해야 합니다. 예를 들면, 차를 타고 장거리 이동을 하는 경우, 외부 공간에서 밥을 먹을 경우 등 부모가 편하기 위해 사용하는 것이 아니라, 아이의 최소한의 안전을 확보하기 위한 상황 같은 경우입니다. 당연히 그 외 상황에서는 절대로 사용하면 안 되는 것입니다. 또한 어떤 영상을 보여주는지도 중요합니다. 다양한 학습적인 혹은 오락적인 영상도 좋겠지만, 아이 자신이 주인공이 되는 부모와의 행복한 영상이면 더욱 좋겠습니다.

쌤에게 물어봐요!

아이가 30개월입니다. 스마트폰으로 영상을 보는 것이 안 좋다고 해서 저는 아이에게 영상을 보여주지 않습니다. 그런데 주말만 되면 남편은 아이에게 자꾸 보여줍니다. 남편 말로는 아이가 심심해하기 때문에 보여준다고 하지만, 사실은 남편이 스마트폰을 보고 놀기 위해 아이에게 그러는 것 같습니다. 어떻게 해야 할까요?

주중에 엄마의 노력을 주말에 아빠가 무너뜨리는 것 같아 속상할 것 같습니다.

✅ 양육 기준을 마련합니다.

스마트폰으로 영상을 보여주는 것 자체보다는 엄마와 아빠의 양육 방법이 다른 것이 더욱 문제가 됩니다. 앞으로 스마트폰뿐만 아니라 다른 양육 상황에서도 이러한 다름은 갈등이 될 수 있기 때문입니다. 부모가 양육 기준을 함께 만드는 것이 우선입니다.

✅ 주말 시간에 대한 계획을 세웁니다.

주말은 가족이 함께 놀고 쉬는 날입니다. 아이와 스마트폰 외에 함께 시간을 보낼 방법을 계획해 보면 좋겠습니다.

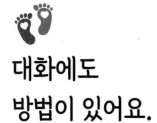

대화에도
방법이 있어요.

부모는 인내심을 가지고 대화하는 방법부터 차근히 알려주어야 합니다.

아이는 옹알이부터 시작해 2~3개의 단어를 연결해 문장을 말할 수 있을 정도로 언어가 발달합니다. 이에 맞추어 부모는 아이와 대화를 할 줄 알아야 합니다. 가만히 생각해 보면 우리는 평소 많은 대화를 하며 살기에 대화가 어렵지 않을 것 같지요? 그러나 아이와의 대화는 조금 까다로울 수 있습니다. 부모가 하는 말을 아이가 잘 이해하지 못하기도 하고, 아이가 부모의 말을 이해했으나 고집을 부리며 자기 마음대로 하려고 해 도무지 소통이 안 될 때가 있기 때문입니다. 그래서 부모는 인내심을 가지고 대화하는 방법부터 차근히 알려주어야 합니다.

감정을 말로 표현하기

갓 태어난 아이가 방긋 웃는 것을 본 적 있나요? 없지요? 모든 아이는 태어날 때 흥분 상태로 태어나기 때문에 울음을 먼저 터뜨리게 됩니다. 그리고 이 감정은 불쾌와 유쾌로 나뉘어 발달하는데, 백일 정도 된 아이는 부모를 보고 사회적 미소를 짓고 기쁨을 표현합니다. 동시에 슬픔, 놀람, 분노 등의 정서도 표현할 수 있게 됩니다. 6개월 정도가 되면 두려움, 공포, 수치심 등을 느끼기 시작하는데, 이러한 감정 발달의 증거로 아이가 부모와 떨어지지 않으려 하고, 떨어지면 공포와 불안감을 나타내는 낯가림을 하게 됩니다. 그리고 돌 무렵이 되면 일상의 감정을 대부분 느끼게 되고, 출생 후부터 7살까지 느끼는 모든 감정들이 모여 기본적인 정서와 성격이 만들어집니다.

그러나 모든 아이들이 이런 보편적인 발달을 이루며 다양한 감정을 표현하게 되는 것은 아닙니다. 학대받은 아이들의 경우에는 무표정하거나, 울고, 화를 내는 것과 같이 제한적인 감정만으로 자신의 감정을 표현합니다. 그뿐만 아니라 다른 사람의 감정 또한 인지하지 못해 소통에 어려움이 생깁니다. 왜냐하면 감정은 오랜 시간 동안 사람과의 상호작용을 통해 서서히 분화되면서 발달을 하는데, 학대를 받은 아이는 이러한 상호작용이 부족하였기 때문입니다. 따라서 부모가 아이의 감정읽기를 통해 아이의 마음을 알아차리고, 이해해주고, 받아주고, 배려해주는 과정이 중요한 것입니다.

감정을 읽는 방법은 아이가 화가 났을 때 부모가 "화났구나."라고 감정을 표현해 주면 됩니다. 이 말을 들은 아이는 자신의 감정이 '화'라는 것을 알게 되고, 나중에는 아이 스스로 "나 화났어."라고 말을 할 수 있게 됩니다. 부모가 아이의 감정을 정확히 읽기 위해서는 먼저 부모의 감정이 세분화되어 있어야 합니다. 10개의 감정을 알고 있는 부모는 아이의 감정을 10가지로, 100개의 감정을 알고 있는 부모는 아이의 감정을 100가지로 세분화해서 읽을 수 있는데, 감정은 매우 미묘한 것이라 작은 뉘앙스의 차이가 소통에는 큰 차이로 나타납니다.

감정은 일상적인 언어로 표현할 때 가장 잘 전달이 되는데, '~구나'라는 표현이 일상에서 사용하지 않는 표현이라면 어색하므로 꼭 사용할 필요는 없습니다. 이럴 경우에는 "화났네.", "짜증났어."라고 표현해도 좋습니다. 어떤 표현이라도 가장 쉽고 편안하게 아이의 마음을 부모가 잘 안다는 것만 전달하면 됩니다. 그러나 단 한 가지는 반드시 하지 않아야 합니다. "화났어?"와 같이 감정을 물어보는 것입니다. 아이가 아직 대답을 잘하지 못하는 것도 이유가 되지만, 이보다 더 중요한 이유는 부모가 감정에 대해 자꾸 물어보면 아이는 답답함을 느끼고, 자신의 마음을 몰라주는 것에 대해 속상해하기 때문입니다. 아이가 정확히 감정을 느끼고 표현할 수 있도록 아이의 감정을 잘 알아차리길 바랍니다.

행동을 말로 표현하기

아이와 대화를 할 때에는 감정을 읽어주는 것과 더불어 행동을 말로 표현해 주는 것도 중요합니다. 아이는 자신의 행동이 무엇인지 모르고, 언어로 어떻게 표현하는지 모르기 때문에 행동과 언어를 연결해 주는 과정이 필요합니다.

아이가 과자를 먹을 때마다 부모가 "까까 먹는구나."라고 말해 주면, 아이는 자기가 먹고 있는 것이 '까까'라는 것과 자신의 행동이 '먹다'라는 것을 알게 됩니다. 또 기저귀에 소변을 본 아이에게 부모가 "쉬 했구나."라고 말해 주면, 아이는 엉덩이를 축축하게 한 것이 '쉬'라는 것과 자신의 행동이 '하다'라고 표현되는 것을 알게 됩니다. 이처럼 행동을 말로 표현해 주면 상황 속에서 자연스럽게 말을 익히게 되므로 행동 하나하나에 관심을 가지고 말로 표현해 주는 것이 좋습니다.

아이의 행동에는 늘 감정이라는 것이 함께 있습니다. 배가 고픈 감정을 느껴 우는 행동을 할 수 있고, 우는 행동이 하다 보니 에너지가 소진되어 배가 고픈 감정을 느끼기도 합니다. 그래서 감정과 행동은 늘 앞서거니 뒤서거니 하며 같이 있게 됩니다. 따라서 감정을 읽고 행동을 말로 표현하는 것을 별개의 것으로 인식하지 말고 한 세트처럼 인식해 잘 다루어 주어야 합니다.

의성어와 의태어로 표현하기

아이가 재미있게 말을 배우도록 하기 위해 아이가 읽는 동화책에는 의성어와 의태어가 많이 나옵니다. 이를 일상생활 속에서 활용하게 된다면 어떻게 될까요?

아이가 부모의 손을 잡고 한 계단씩 뛰어 내려오고 있습니다. 이때 부모는 아이에게 "폴짝, 콩."이라는 표현을 합니다. 이 표현을 듣고 자란 아이는 어느 날 자기가 스스로 계단에서 "폴짝, 콩."이라는 말을 하게 됩니다. 그리고 아이가 이유식을 먹을 때 부모가 "냠냠냠, 꿀꺽."이라고 말을 하면 아이도 부모의 꿀꺽이라는 말과 시늉에 반응해 한 숟갈씩 이유식을 먹게 됩니다.

이처럼 의성어와 의태어를 많이 사용하면 아이는 일상생활 속 표현을 조금 더 쉽고 재밌게 배웁니다. 그뿐만 아니라 의성어와 의태어는 소리나 모양을 흉내 내는 말이라 표현을 할 때 표정과 몸짓이 같이 나타나 감정과 행동을 함께 배우게 되는 장점도 있습니다.

장난이나 협박의 말 하지 않기

아이와 대화를 하다 보면 아이의 반응이 귀엽고 재미있어 놀리며 장난을 치는 경우가 있습니다. 또한 특정한 행동을 못 하게 하기 위해 무서운 괴물이 와서 잡아간다며 협박을 하는 경우가 있습니다. 이런 경우 아이는 자신의 감정을 말로 다 표현을 하지는 못하겠지만, 짜증이 나고, 안달하고, 억울함을 느끼고, 두려움으로 인해 불안에 떨기도 하며, 부모와 떨어지지 않으려 하기도 합니다. 아이도 분명 감정이 있고, 감정이 발달하고 있습니다. 긍정적인 감정만 주려고 노력할 필요는 없지만, 억지스러운 부모의 말로 인해 부정적인 감정을 느끼게 할 필요는 없습니다. 장난이나 협박이 아닌 상황에 맞는 언어 표현을 해주어야 합니다.

말로 훈육하기

아이가 잘못을 하거나, 새로운 행동을 배워야 할 때 훈육을 해야 합니다. 훈육을 해야 하는 경우에는 아이와 부모 모두 감정이 격해져 있을 때가 많습니다. 감정을 추스르고, 상황을 설명해 주고, 상황에 올바른 행동을 가르쳐 주는 과정을 단계별로 잘 거쳐야 합니다.

1단계, 감정을 읽어줍니다. 아주 어린 아이라도 감정이 있습니다. 감정에 따라 행동을 하게 되므로 감정을 잘 다스려주면 행동도 그만큼 잘하게 됩니다. 감정을 읽어준다는 것은 "짜증났구나. 화났구나."라고 알게 된 감정을 말로 들려주는 것입니다. 이 과정을 통해 아이는 자신의 감정이 무엇인지 알게 되고, 부모가 자신에게 관심이 있다는 것을 알게 됩니다. 또한 부모는 아이의 마음을 읽어주는 과정을 거치며 아이의 마음을 이해하게 되어 그에 적절한 양육행동을 할 수 있게 됩니다.

반대로 부모가 흥분된 상태일 때도 있습니다. 이럴 때에는 부모가 자신의 감정을 아이에게 전달해 주어야 합니다. "엄마 아빠도 지금 힘들어."라고 말입니다. 이렇게 감정을 말로 표현하는 것 자체만으로도 흥분된 감정이 가라앉는 효과가 있어 상황을 보다 쉽게 해결할 수 있습니다. 감정을 읽는 것은 서로의 마음을 주고받으며, 흥분된 상태를 조절해 보다 안정적으로 대화를 시작하기 위한 과정입니다.

2단계, 상황을 짧게 설명해 줍니다. 아이는 상황을 이해하고, 다음 상황을 예측하는 것이 어렵습니다. 그뿐만 아니라 자신의 욕구가 강하기 때문에 막무가내로 떼를 씁니다. 그렇기에 부모는 아이가 이해할 수 있도록 지금의 상황을 짧은 말로 설명해 주어야 합니다. 말이 길어지면 아이가 집중을 하지 못하고, 이해 또한 어려워집니다.

3단계, 어떻게 해야 하는 것인지 알려줍니다. 아이가 욕구를 표현한다는 것은 그만큼 자신의 생각이 있다는 것이니 좋은 것입니다. 그러나 상황에 맞지 않게 욕구를 표현하기 때문에 문제가 됩니다. 따라서 상황에 맞게 자신의 욕구를 조절할 수 있도록 그 상황에서 해야 하는 올바른 행동을 알려주어야 합니다. 그래서 훈육의 말은 반드시 긍정문이어야 합니다. 하지 말라는 말은 어떻게 해야 하는지 알려주는 말이 아니기 때문입니다.

4단계, 칭찬을 합니다. 아이가 부모와 대화를 한 후 올바른 행동을 하면 반드시 칭찬을 해 주어 옳은 행동을 계속할 수 있도록 도와주어야 합니다.

부모가 아무리 대화를 잘하려고 해도 울고 떼쓰는 아이를 보면 화가 나기 마련입니다. 그렇다고 해서 부모가 아이와 같이 흥분하고, 화를 내면 문제가 해결되는 것이 아니라 서로의 감정만 더 상하게 되니, 결국 몸뿐만 아니라 마음까지 힘들어져 부모 역할이 너무 어렵게 느껴집니다. 대화 중간에 아이의 감정을 잘 읽어주며 절대로 같이 흥분하지 않도록 노력하는 것이 중요하지만, 힘들다면 "엄마 아빠도 화났어. 화 풀고 다시 이야기하자."라고 말하고 잠시 멈추어야 합니다.

대화 1 상황 – 아이가 기저귀를 갈지 않겠다고 울며 도망을 간다.

(감정읽기) 부모 : 기저귀 갈기 싫구나.
　　　　　　아이 : 앙~.

(상황설명) 부모 : 엉덩이 축축해.
　　　　　　아이 : 앙~.

(알려주기) 부모 : 지금 갈자.
　　　　　　아이 : 앙~.
　　　　　　(아이가 울고 떼를 쓰더라도 부모는 평정심을 유지해야 합니다.)

(칭찬하기) 부모 : (기저귀를 갈아주고) 아이고~ 잘했네. 뽀송하겠다.
　　　　　　아이 : ^^

(감정읽기) 부모 : 까까 먹고 싶구나.

아이 : 응. 까까.

(상황설명) 부모 : 지금은 밥 먹는 시간이야.

아이 : 아니야. 까까. 앙~.

(알려주기) 부모 : 밥 먹고 까까 먹자.

아이 : 으앙~.

(울음이 길어질 수 있습니다. 잘 기다려줍니다. 반드시 부모가 한 말을 지킵니다.)

(칭찬하기) 부모 : (밥을 먹은 후 과자를 주며) 밥도 잘 먹고, 까까도 잘 먹네.

아이 : ^^

(감정읽기) 부모 : 더 놀고 싶구나.

아이 : 응.

(상황설명) 부모 : 지금은 자는 시간이야.

아이 : 앙~.

(알려주기) 부모 : 아침에 놀 거야.

아이 : 앙~.

(아이가 떼를 쓰더라도 부모는 일관되게 잘 버텨줍니다. 아이가 한 번이라도 떼를 써서 원하는 것을 얻게 되면 떼가 심해집니다.)

(칭찬하기) 부모 : (잠자리에 눕힌 후 토닥여주며) 잘 자네.

아이 : ^^

아이의 감정을 읽어주면 아이가 자기 마음대로 해도 된다고 생각할까 봐 걱정이에요.

 흔히들 감정을 읽어주고 받아주면 아이가 마음대로 행동할 거로 생각합니다. 하지만 제 대로 된 감정읽기라면 그렇지 않습니다.

✅ 감정과 행동을 구분해 감정만 읽어줍니다.

아이가 화가 나서 또래를 깨물었습니다. 이때 올바른 감정읽기는 "화났구나."이지 "화나서 깨물었구나." 가 아닙니다. 행동으로부터 감정을 분리해 감정만 읽고 수용해 주어 흥분을 가라앉히겠습니다. 그래야 행 동을 가르쳐줄 수 있어 마음대로 하지 않게 되니까요.

✅ 올바른 행동을 가르쳐줍니다.

감정을 읽은 후 아이가 진정이 되면 "깨물면 안 돼. '하지 마.'라고 말하는 거야."라고 올바른 행동을 가 르쳐줍니다. 올바른 행동을 가르쳐주면 자기 마음대로 하는 것이 아니라 배운 대로 옳은 행동을 하게 됩 니다.

아빠 모국어와 엄마 모국어를 함께 배워요.

두 가지 모국어를 모두 사용할 수 있는 환경을 충분히 만들어 주길 바랍니다.

　다문화가정이 늘고 있습니다. 부모 모두 외국인인 경우가 있고, 부모 중 한 사람이 외국인인 경우도 있습니다. 부모 모두 외국인일 경우 아이는 부모의 모국어와 한국어를 함께 배우게 되어 일상생활에 문제가 없습니다. 그리고 부모 중 한 사람이 외국인인 경우에도 가정 내에서 엄마 아빠 모국어 모두를 사용한다면 아이도 일상 속에서 대화로 인한 어려움은 없습니다. 그런데 문제는 엄마 아빠 두 개의 모국어가 있는 가정에서 아이에게 한 개의 모국어만을 즉, 한국어만을 사용하도록 하는 경우에는 아이의 언어발달에 문제가 생길 수 있습니다. 대한민국에서 가장 많이 증가한 다문화가정의 형태는 엄마 아빠 중 엄마가 외국인인 경우입니다. 그래서 엄마가 외국인인 경우를 예로 들어 이야기하겠습니다.

　한국어만을 사용하도록 했을 때의 문제점으로는 첫 번째, 엄마와 아이의 정서적인 소통의 부족으로 애착 형성이 어렵습니다. 아이가 가장 많은 시간을 보내는 사람이 엄마이고, 엄마와의 소통은 그만큼 중요한데 엄마가 서툰 한국어로만 소통을 하려고 하면 감정의 전달에 어려움이 있어 정서적인 유대감을 형성하기가 어렵습니다.

　두 번째, 언어 자극의 부족으로 아이의 언어발달이 지연됩니다. 엄마가 한국어가 서툴기 때문에 말을 많이 하지 않게 됩니다. 우리가 여행을 가더라도 대한민국의 어디라면 순간에 드는 감정과 생각들을 자연스럽게 말로 표현할 수 있지만, 외국에서 영어를 사용하는 사람들과 있다면 서툰 영어로 인해 아예 표현을 하지 않고 혼자서만 느끼기 마련입니다. 가정에서도 이와 같은 상황이 벌어지면 당연히 아이는 듣고 말하는 자극이 부족해 언어발달이 지연될 수밖에 없습니다. 물론 아빠가 아이와 소통을 많이 한다면 아이의 언어발달은 정상적으로 이루어질 수 있지만, 부모 모두와 소통을 하는 아이보다는 언어발달이 지연될 가능성이 있습니다.

세 번째, 엄마와 아이의 소통이 어려워 양육이 어렵습니다. 아이의 양육이 얼마나 중요한지 설명할 필요가 없을 정도로 누구나 알고 있습니다. 또한 양육은 말로 하는 것임을 다 알고 있지요. 그런데 한국어가 서툰 엄마의 경우 말로 상황을 설명하고, 올바른 행동을 가르칠 수가 없습니다. 그래서 "안돼. 아니야."로 양육이 끝나는 경우가 많습니다. 아이는 자신이 하고 싶은 것을 못 하게만 하는 엄마가 싫고, 늘 마음이 답답하겠지요. 그리고 안되는 이유를 듣지 못하고, 상황에 맞는 올바른 행동을 배우지 못하기 때문에 아이는 상황에 맞지 않는 엉뚱한 행동을 하게 됩니다. 아이는 단지 모르는 것일 뿐인데, 못하는 아이 혹은 못된 아이로 사람들에게 인식되어 자존감도 무너지게 됩니다.

네 번째, 아이가 언어발달의 지연으로 인해 또래관계에 어려움이 생깁니다. 일정한 연령이 되면 아이는 어린이집을 가게 됩니다. 물론 아이들이 모두 어리기 때문에 언어만으로 소통을 하는 것은 아닙니다. 표정, 행동과 함께 언어를 같이 사용하게 되는데, 만약 언어를 이해하고 표현하는 것에 어려움이 있다면 자신의 마음을 표현하지 못해 답답함을 느끼게 되고, 또래의 말을 이해하지 못해 오해를 하는 경우도 생깁니다. 당연히 서로 간의 다툼이 많아져 또래관계에 어려움이 생기게 됩니다.

다섯 번째, 외가 가족과의 소통이 어렵습니다. 외국인 엄마 중에 한국어를 잘하는 엄마도 많습니다. 이럴 경우에는 엄마와의 소통에는 어려움이 없겠지만, 외가 가족과의 소통은 어렵습니다. 아이는 한국에 있는 친가 가족들로부터 사랑을 많이 받겠지만, 이에 못지않게 외가 가족으로부터의 사랑도 충분히 받을 권리가 있습니다. 물론 엄마가 중간에서 통역을 해 주면 소통은 가능하겠지만, 통역을 거치는 것과 직접 대화를 하는 것은 분명 차이가 있습니다.

반대로 엄마 모국어와 아빠 모국어를 함께 사용해 이중언어를 사용하게 된다면 아이의 언어 표현이 풍성해지고, 부모와의 정서적인 소통을 잘 할 수 있습니다. 또한 아이는 두 나라의 문화를 익히고, 두 나라의 언어를 사용할 수 있어 나라 간의 교류가 많은 지금의 시대에 아이만의 특별한 경쟁력이 생기는 것입니다. 이러한 이유로 엄마 모국어와 아빠 모국어를 함께 배울 때 아이가 가정에서나 사회에서 적응을 더욱 잘 할 수 있습니다. 두 가지 모국어를 모두 사용할 수 있는 환경을 충분히 만들어 주길 바랍니다.

아이에게 이중언어를 가르치면 혼란스러워 두 가지 언어를 섞어서 쓰고 말이 더 늦다는 데, 정말 그런가요?

 그렇지 않으니 걱정하지 않아도 됩니다.

✓ 두 가지 말을 섞어서 사용하는 게 문제가 되지는 않습니다.

말을 할 때 "피부에 문제가 생겼어."라고 말을 하는 사람이 있고, "피부에 트러블이 생겼어."라고 말을 하는 사람이 있습니다. 맥락을 보면 같은 말인데 표현되는 단어가 다를 뿐입니다. 이를 두고 우리가 두 번째 사람에게 "언어 혼동이 있어서 말에 문제가 있어."라고 하지 않습니다. 이중언어를 사용할 경우 단어를 섞어서 쓰고, 어순이 조금 이상해지긴 하지만 소통만 된다면 문제 될 일은 없습니다.

✓ 세 돌 정도가 되면 문법체계를 이해하게 됩니다.

어릴 때에는 단어를 혼동하거나, 어순이 이상해도 문제가 안 되지만, 어른이 되었을 때에도 계속 이러면 곤란하겠지요? 다행히 정상적인 발달을 할 경우 세 돌 정도가 되면 두 가지 언어의 문법체계가 다름을 이해하고, 그에 맞게 말을 하게 되니 걱정하지 않아도 됩니다. 혹 문법체계의 혼동으로 어려움이 있다고 해도 말을 못 하는 것보다는 혼동을 수정하는 것이 더욱 쉽습니다.

일곱 좋은 부모의 조건

부모의 탄생

- 양육의 대물림을 끊어요.

- 양육기준을 세워요.

- 일관된 양육을 해요.

양육의 대물림을
끊어요.

잘못된 양육이 무의식 중에 대물림되지 않도록 의식화하고, 수정하기 위한 노력을 해야 합니다.

건강을 지키기 위해서는 좋은 것을 하는 것보다 나쁜 것을 하지 않는 것이 더 중요하다고 합니다. 양육 또한 마찬가지입니다. 부모는 지금 어른이고 부모이지만 분명 아이였던 적이 있습니다. 아이였던 시절의 기억을 떠올려 보면 친구들에 대한 기억도 많겠지만, 가족 특히, 부모에 관한 기억이 많을 것입니다. 좋았던 기억도 있고 나빴던 기억도 있을 텐데, 그중에서 양육을 떠올려 보겠습니다. '내가 참 좋은 양육을 받고 자랐구나.'라는 생각이 든다면, 받았던 양육을 아이에게 그대로 전달해 주면 됩니다. 그런데 '잘못 키워졌네. 우리 부모님 너무 했어.'라는 생각이 든다면, 지금부터 잘못된 양육이 무의식 중에 대물림되지 않도록 의식화하고, 수정하기 위한 노력을 해야 합니다.

무의식과 의식

사람의 생각을 단순히 나누자면 무의식과 의식으로 나눌 수 있습니다. 무의식은 그동안 경험했던 모든 것이 저장된 공간인데, 평소에는 전혀 기억이 나지 않는 영역입니다. 그러다 어느 순간 갑자기 기억이 떠오른다거나 나도 모르게 특정한 행동으로 나타나 놀라게 됩니다. 반면 의식은 기억하고 생각할 수 있는 영역으로 도덕적 판단이 영향을 미치게 됩니다.

예를 들어 우리가 아무리 화가 나도 욕을 하면 안 되고, 다른 사람에게 폭력을 가하면 안 된다고 생각하고 행동을 조절하는 것은 의식이 작동하는 것입니다. 반면 과거에 폭력에 노출된 경험이 많은 사람이 화가 나는 순간 자신도 모르는 사이에 욕을 하고, 폭력을 휘두를 수 있는데, 이것이 바로 무의식이 작동한 것입니다. 무의식은 도덕적 기준이나 사회적 규범의 틀을 통해 자신의 생각과 행동을 거르지 않고, 과거의 경험을 그대로 쏟아내는 것이기 때문입니다. 만약 욕을 하고 폭력을 휘두른 다음 후회를 한다면, 이 후회는 의식의 영역입니다.

그래서 무의식을 의식화해 자신의 행동에 대한 옳고 그름을 판단한 후 행동을 하면 행동을 수정할 수 있습니다. 그런데 이런 의식화 과정이 참 어렵습니다. 무의식은 언제나 의식보다 빠르고, 자동적으로 나타나는 것이거든요. 또한 '난 원래 그래.'라며 무의식 뒤에 숨어 자신의 행동을 정당화시키거나, 어쩔 수 없는 것으로 치부하기 때문이기도 합니다. 무의식이 튀어나오려는 순간을 스스로 인지하고 멈춘 후 생각을 하기 위해서는 부단한 노력이 필요한데, 그 해결의 열쇠는 '잘못된 과거를 반복하고 후회하지 말자.'라는 경험을 통한 배움입니다.

극단적인 양육의 대물림

매우 엄한 분위기에서 자란 아이가 있습니다. 부모는 아이가 울 때마다 엄청나게 화를 내며, 똑바로 말하라고 했습니다. 아이는 그 순간 할 말을 못하고 울지도 못해 답답하고 억울함을 느끼게 되었습니다. 아이의 무의식에는 '울면 안 돼.'라는 상황과 '무서워. 울지도 못해. 억울해.'라는 생각이 저장되었습니다. 이 아이가 자라 부모가 되었을 때 과연 우는 아이에게 어떻게 대처할까요?

흔한 대처로는 첫 번째, 자신의 부모와 같이 우는 아이에게 불같이 화를 냅니다. 무의식이 '우는 상황이면 화를 내야지.'라고 작동을 한 것입니다. 부모의 싫었던 모습을 자신이 그대로 하는 것입니다. 이럴 경우 부모는 자신이 싫어한 부모의 모습을 그대로 닮은 자신에게 실망하고, 죄책감을 느끼거나, 자신이 화를 내는 것을 정당화하며 아이의 잘못으로 몰고 가게 됩니다. 정작 자신은 어릴 때 우는 자기에게 화를 낸 부모를 원망하면서요.

두 번째, 아이가 울 때 매우 수용적인 태도를 보입니다. 무의식에 자리 잡고 있는 자신의 속상하고 힘들었던 마음을 떠올리며 '얼마나 속상하겠어. 나도 그랬어. 계속 울어도 돼. 내가 다 받아줄게. 난 내 부모와 달라.'라고 무의식이 작동한 것입니다. 이럴 경우 부모는 허용적인 양육을 하게 되고, 아이는 울음으로 모든 것을 다 해결하려고 해 점점 더 울음이 많아지게 됩니다.

이렇듯 무의식은 극단적인 형태로 나타나 양육을 혼란스럽게 만듭니다. 결국 부모와 아이에게 좋은 영향을 미치지 못하고, 부모와 아이의 관계만 더욱 힘들게 만들 뿐입니다.

양육의 대물림을 끊는 방법

양육이 대물림되는 것은 자신도 모르는 사이에 무의식이 빠르게 작동했기 때문입니다. 따라서 양육의 대물림을 끊기 위해서는 연습하고, 멈추고, 실천하기의 과정을 거쳐야 합니다.

첫 번째, 연습하기입니다. 아이가 울 때마다 무의식이 튀어나와 불같이 화를 내게 된다면, 다음번에 이런 상황이 발생할 때 어떻게 할지 생각하고, 미리 연습해 두어야 합니다. 시나리오를 쓰듯 자세히 적어 놓고, 기억하고, 말로 표현해 보는 과정이 필요합니다. 왜냐하면 양육을 하는 과정에서 아이와 실랑이를 하면 부모가 흥분해 아무런 생각이 나지 않을 때가 많아 원래 하던 대로 할 가능성이 많기 때문입니다. 올바른 양육행동이 자연스럽게 나올 수 있도록 연습에 연습을 거듭해 충분히 몸에 익혀야 합니다.

두 번째, 멈추기입니다. 아이가 우는 상황이 발생하면 일단 부모는 모든 행동을 멈추어야 합니다. 무의식이 튀어나오지 못하도록이요. 그리고 멈춘 상태에서 연습한 것을 떠올려야 합니다.

세 번째, 실천하기입니다. 연습한 내용을 아이에게 말과 행동으로 표현합니다. 그렇다고 해서 아이가 바로 울음을 그치거나 말을 듣지는 않을 것입니다. 이럴 때에도 부모는 연습한 것만 반복해야 합니다. 만약 다른 말을 하거나, 자칫 부모 스스로 화를 돋우는 말을 하거나, 자신도 모르게 무의식이 튀어나온다면 그동안의 노력을 물거품으로 만들어 버릴 수도 있기 때문입니다.

이런 부모의 노력에도 불구하고 부모도 사람인지라 실수를 할 수 있습니다. 만약 아이에게 잘못된 양육행동을 했다면 바로 사과를 하고, 사과를 교훈 삼아 다시는 반복되지 않도록 노력하면 됩니다. 초보 부모에게는 양육의 대물림이 대부분 나타납니다. 이 양육의 대물림을 반복할 것인지, 끝낼 것인지는 온전히 부모의 선택과 노력에 달려 있습니다. 모르는 것은 어쩔 수 없지만 안다면 고쳐야 하지 않을까요?

저희 부부는 아이 키우는 것에 대해 이야기를 많이 나눕니다. 그런데 꼭 아내는 자기가 어렸을 때 사랑을 못 받아 봐서 엄마로서의 역할을 못 하는 거라고, 어쩔 수 없다고 이야기를 합니다. 해결할 수 있을까요?

 엄마에게 어릴 적 사랑을 받지 못한 것에 대한 상처가 많은가 봅니다. 함께 해결해 보겠습니다.

☑ 엄마의 상처에 공감해 줍니다.

엄마가 사랑받지 못해 엄마 역할을 못 한다고 말을 하면 대부분 "그러니까 우리는 더 잘해야지."라고 말을 하는 경우가 많습니다. 이럴 경우 해결이 어렵습니다. "자기가 많이 힘들었겠구나."라는 공감의 말을 통해 상처받은 마음을 치유하는 것이 먼저입니다.

☑ 받고 싶었던 사랑을 아이에게 표현합니다.

어릴 때 사랑을 받지 못했다 하더라도 받고 싶은 사랑이 없지는 않았을 것입니다. 어린 시절로 잠시 돌아가 받고 싶었던 사랑을 떠올려 보고, 그 사랑을 표현한다면 분명 충분한 사랑을 줄 수 있을 것입니다.

☑ 아이에게 어떤 사랑을 받고 싶은지 물어봅니다.

부모가 주고 싶은 사랑과 아이가 받고 싶은 사랑이 다를 수 있습니다. 아이에게 받고 싶은 사랑이 무엇인지 꼭 물어보고 답을 듣습니다. 아이가 어리다면 조금 더 자란 후에 하면 됩니다. 그리고 그 사랑을 주면 됩니다.

양육기준을
세워요.

부모는 같은 기준으로 아이를 대해야 하고, 서로 협력해야 하는 사이입니다.

    부모가 양육을 하는데 서로의 기준이 다르다면 아이에게 서로 다른 것을 기대하고 가르치게 됩니다. 예를 들면 아빠는 밥을 먹을 때 놀잇감을 들고 있어도 밥만 잘 먹으면 된다고 하는데 엄마는 안 된다고 하거나, 아빠는 집 안에서 뛰면 안 된다고 하는데 엄마는 괜찮다고 한다면, 아이는 어떻게 행동해야 할지 고민을 하게 됩니다. 고민을 하던 아이는 엄마 아빠 중에 서열이 더 높다고 생각하는 사람의 말을 듣거나, 자신에게 유리한 쪽으로 말하는 사람의 말을 듣습니다. 그래서 도덕적 기준에 맞추어 생각하는 것이 아니라 상황에 따라, 사람에 따라 다르게 행동하게 되어 행동이 혼란스러워집니다. 이런 아이를 지켜보는 부모도 속상하겠지만, 눈치 보며 자신의 행동을 결정해야 하는 아이도 무척 번거롭고 피곤하고 힘들 것입니다.

    부모는 아이 양육에 대한 공동의 책임을 지는 사람입니다. 당연히 같은 기준으로 아이를 대해야 하고, 서로 협력해야 하는 사이입니다. 그러나 서로 다른 양육환경에서 자랐고, 새로운 양육환경을 만들어야 하는 사람들이라 처음에는 분명 의견 차이가 많을 것입니다. 이때 서로를 틀렸다고 비난하기보다는 "난 그렇게 생각하지 않지만, 당신은 그럴 수 있어."라고 인정해 주는 태도가 필요합니다. 부모의 생각이 서로 다를 뿐 아이를 잘 키우기 위해 노력하는 마음과 사랑하는 마음은 절대로 다르지 않을 것이기 때문입니다. 서로의 차이를 충분히 인정해 주되 아이에게 양육으로 적용할 때에는 차이가 나지 않도록 조율해 주어야 합니다.

양육기준을 어떻게 세워야 할지 모르겠어요.

조금은 막막할 수 있습니다. 작은 일상의 문제부터 이야기를 나누면 됩니다.

⊘ 오늘의 양육 고민에 대한 기준을 세웁니다.

오늘 하루 아이를 키우면서 생긴 양육 고민에 대해 부모가 이야기를 나누고, 다음번에 같은 일이 발생했을 때 어떻게 대처할지를 정하면 됩니다. 하나씩 해결하며 기준을 만들다 보면 부모만의 양육기준이 만들어집니다.

⊘ 대화의 시간을 많이 가집니다.

서로 조율하며 양육기준을 만들려면 서로에 대한 이해가 바탕이 되어야 합니다. 그런데 이런 이해는 하루아침에 되는 것이 아니지요. 평소에 대화의 시간을 많이 가지며 서로에 대한 이해도를 높여 가면 좋겠습니다.

일관된
양육을 해요.

아이를 양육하는 모든 양육자들은 스스로의 일관성뿐만 아니라 서로 간의 일관성을 잘 유지해야 비로소 일관되게 양육할 수 있습니다.

부모가 양육의 기준을 세웠다면 일관되게 실천하는 것이 필요합니다. 일관성에는 3가지가 있는데 이를 잘 지켜야 합니다.

첫 번째, 스스로의 일관성입니다. 그날의 감정 상태에 따라 혹은 여유가 있고 없고에 따라 양육행동이 달라진다면 아이는 정말로 헷갈리고 힘들게 됩니다. 양육을 할 때에는 어제 자신의 양육과 오늘 자신의 양육이 같아야 합니다. 이를 위해서는 평소에 감정을 잘 조절하고, 양육을 할 수 있는 넉넉한 시간 확보가 필요합니다.

두 번째, 부모의 일관성입니다. 아빠가 늘 일관된 기준으로 아이를 대하고, 엄마가 늘 일관된 기준으로 아이를 대하였습니다. 그런데 아빠와 엄마의 양육기준이 다르다면 결과적으로 아이에게 한 양육은 일관성이 없는 것이 됩니다. 따라서 아빠와 엄마가 서로 동일한 양육기준으로 일관되게 아이를 대해야 합니다.

세 번째, 부모와 다른 양육자와의 일관성입니다. 부모 외에 조부모나 교사와 같은 양육자에게 양육을 받을 수도 있지요. 부모와 다른 양육자 간의 일관성이 없다면, 아이는 아침에 부모가 안 된다고 한 행동이 낮에 조부모와 있을 때에는 해도 되는 행동이 되고, 교사가 해야 한다고 한 행동이 부모와 있을 때에는 하지 않아야 하는 행동이 되어 버립니다. 이럴 경우 아이의 생활 습관 형성이 어렵고 아이의 행동 또한 혼란스러워집니다.

따라서 아이를 양육하는 모든 양육자들은 스스로의 일관성뿐만 아니라 서로 간의 일관성을 잘 유지해야 비로소 일관되게 양육할 수 있습니다. 양육자 간의 대화가 많이 필요한 이유입니다.

일곱 좋은 부모의 조건

양육스트레스

- 부모가 양육스트레스를 느끼는 건 당연해요.

- 양육도 끝이 있어요.

- 양육스트레스를 해소해요.

부모가 양육스트레스를
느끼는 건 당연해요.

당연한 것을 문제라고 생각하니 해결이 안 되고, 부모로서의 자신감만 떨어지게 되는 것입니다.

아이를 키우는 부모가 느끼는 감정은 매우 다양합니다. 아이가 방긋 웃고 달려와 안길 때에는 행복하고 사랑스럽고, 아플 때에는 걱정되고 대신 아파주고 싶고, 고집을 부릴 때에는 어깨에 바위를 얹어 놓은 것처럼 힘이 들고 짜증이 납니다. 가끔 엄청 화를 내기도 하고요. 그런 날 잠 든 아이를 보면 뭔가 미안함이 느껴집니다. 그리고 '내가 부모로서 자격이 없는 걸까?'라는 생각과 함께 양육스트레스를 받게 됩니다.

부모 자격이 있는지 없는지 따져보며 자신을 괴롭히기 전에 양육스트레스가 어디서 오는지, 왜 오는지, 오면 안 되는 것인지에 대해 먼저 알아보겠습니다. 사람마다 양육스트레스의 이유는 다르지만 몇 가지 공통점이 있습니다. 아이랑 같이 있으면 뭘 해야 할지 몰라서, 아이랑만 있어야 하니까 답답해서, 아이 돌보는 게 체력적으로 너무 힘들어서, 아이를 책임져야 한다는 무게감이 느껴져서 등이 가장 흔합니다. 그리고 일을 하지 않으니 경제적으로 힘들어서, 원래 하던 일이 하고 싶어서, 나만 뒤처지는 것 같아서 등의 이유도 있습니다.

처음부터 부모였던 사람은 없지요. 다들 사회 안에서 사회적 역할을 했습니다. 학교에서는 학생이자 누군가의 친구였고, 직장에서는 직장인이자 누군가의 동료였습니다. 공부와 일이라는 목표가 있는 일을 했지만, 그 사이 사이에 인간관계가 있었습니다. 이런 인간관계를 통해 느끼는 행복감이 분명 있었습니다. 그런데 부모가 되어 아이랑 집에만 있으니 원래 나의 인간관계가 모두 단절됩니다. 완전히 고립되어 외딴 섬에 갇힌 듯하죠. 분명 아이를 사랑하는데,

아이랑만 있는 것이 힘들고 싫어지니 아이에게 미안해지고, 스스로가 이상한 사람처럼 느껴지기도 합니다. 그리고 일을 병행한다고 해도 예전과 다르게 퇴근과 동시에 집에 와야 하니 늘 시간에 쫓기고, 예전과 같은 성과물을 내기도 어렵고, 혹 성과물을 내더라도 너무 일에 집중해 아이에게 무심한 건 아닌가 괜히 마음이 불편해집니다. 여기에서 양육스트레스가 오는 것입니다. 내가 지금까지의 나와는 완전히 다른, 부모로서의 나로 사는데 부모로서의 나는 너무나 서툴고, 아이에 대한 온전한 책임은 져야 하고, 언제까지 아이를 계속 돌봐야 하는지 모르겠고, 예전처럼 나의 삶을 누리고 싶으나 할 수 없으니 스트레스를 받을 수밖에요.

모든 일에는 즐거움, 만족감과 함께 늘 스트레스가 있습니다. 이와 동일하게 아이를 아무리 사랑해도 양육스트레스는 있습니다. 양육을 하는 부모에게 양육스트레스는 당연한 것입니다. 당연한 것을 문제라고 생각하니 해결이 안 되고, 부모로서의 자신감만 떨어지게 되는 것입니다. 그러니 지금부터는 양육스트레스가 있다고 해서 자신을 자격 없는 부모로 만들기보다는, 아이에게 미안해하기보다는, 당연하다고 인정하면 좋겠습니다. 그리고 나를 위해, 아이를 위해, 가족을 위해, 양육스트레스를 해소해 나가는 방법을 찾으면 됩니다.

쌤에게 물어봐요!

맞벌이를 하며 아이를 어린이집 종일반에 보내고 있는데, 일도 육아도 잘 안 되는 것 같아 육아휴직을 하려고 합니다. 엄마와 아빠 중 누가 육아휴직을 하는 것이 좋을까요?

부모 중 누구라도 육아휴직을 할 수 있는 상황이 너무 부럽습니다.

✅ **육아를 더 잘 할 수 있는 사람이 하면 됩니다.**

엄마와 아빠 중 누가 육아휴직을 하든 괜찮습니다. 단, 아이를 더 잘 돌볼 수 있는 사람이 하면 됩니다. 행복한 고민해 보길 바랍니다.

✅ **육아휴직을 교대로 사용해도 됩니다.**

가능하다면 엄마와 아빠가 교대로 육아휴직을 하길 권합니다. 아이에게는 엄마와의 시간과 아빠와의 시간 모두 소중하니까요.

양육도
끝이 있어요.

양육도 언젠가는 끝이 있으므로 양육스트레스도 견딜 수 있습니다.

학창시절을 떠올려보면 시험 기간에 엄청 스트레스를 받았던 기억이 있을 거예요. 시험이 끝나면 어떤가요? 결과와 상관없이 너무나 좋았죠? 그리고 직장에서는 일이 힘들더라도, 퇴근이라는 희망이 있어 하루를 잘 견딜 수 있습니다. 이처럼 시작과 끝이 정해져 있으면 힘들어도 견딜 수 있고, 힘든 일이 끝나면 스트레스가 사라지고 마음이 다시 회복됩니다.

양육스트레스도 마찬가지입니다. 양육도 언젠가는 끝이 있으므로 양육스트레스도 견딜 수 있습니다. 그런데 문제는 부모가 처음이라 이 양육이 언제 끝나는지 모르기 때문에 막막하기만 하고, 해결책을 못 찾는 것입니다. 아이가 7살을 마무리 하는 시점에 부모는 육아 독립을 하고, 사춘기가 끝나는 시점에 양육 독립을 합니다. 육아 독립까지는 부모가 몸으로 해줘야 하는 것들이 있어 힘들지만, 양육 독립까지는 마음과 말로 하는 것이라 그리 어렵지 않습니다. 거짓말 같죠? 진짜임을 알려드리겠습니다.

육아 독립

아이를 키우는 일은 매일 매일이 힘들고 지치는 것 같지만, 멀리서 바라보면 매일 매일 조금씩 쉽고 편해지는 과정입니다. 아이가 자라면서 스스로 할 수 있는 것이 많아지니까요. 아이가 태어나는 날 엄마는 엄청 힘이 들지요. 아빠도 곁에서 지켜보며 마음 졸이는 힘이 드는 날입니다. 이날이 제일 힘든 날입니다. 그리고 부모의 24시간 아이 돌봄이 시작됩니다.

아이가 2~3개월이 되면 목을 가누게 되어 안아주는 것이 조금 편해지고, 돌 무렵 걷게 되니 이제는 조금은 덜 안아주어도 됩니다. 수유를 할 때는 시도 때도 없이 먹여 힘들었는데, 돌이 지나면서 이유식으로 하루 세끼와 간식만 먹이면 되고, 컵을 사용하게 되니 젖병을 씻지 않아도 됩니다. 두 돌이 지나면 고집을 좀 부리긴 해도 말로 의사를 표현하니 부모가 덜 답답하고, 세 돌이 되기 전에 기저귀도 떼니 이제 더 이상 똥기저귀 가방을 들고 다닐 필요가 없어집니다. 이 무렵 아이는 '나'라는 개념이 생기고, 부모와 잠시 떨어져 혼자 놀 수 있는 정도의 정서적 독립을 하게 됩니다. 먹이고, 씻기고, 키우는 1차 육아의 완성이 이루어지는 순간입니다.

그리고 어린이집에 가기 시작하면 오전 시간만큼은 부모 자신만의 시간을 가질 수 있습니다. 또한 이제는 아이가 혼자 옷 입고, 밥 먹고, 씻고, 정리하고 등 스스로 하는 것을 배울 때가 되었으니 부모가 시범을 보이고, 말로 설명하며, 아이가 하는 것을 지켜보면서 칭찬을 해주면 됩니다. 물론 가르치는 것이 쉽지 않겠지만, 부모가 몸으로 다 해주는 시기는 지났으니 점점 편해지고 있습니다. 그리고 드디어 아이가 7살이 되면 생활 습관이 형성되어 자신의 일은 대부분 혼자 할 수 있게 되니 부모는 옆에서 지켜보다가 아이가 실수하거나 어려워할 때만 도움을 주면 됩니다. 마침내 2차 육아의 완성을 맞게 되는데, 이 시기가 바로 육아로부터 독립하는 시점입니다.

육아 독립의 조건은 아이가 스스로 하도록 부모가 잘 가르쳐야 한다는 것입니다. 아이를 잘 가르쳐서 부모가 육아로부터 독립을 할지, 아님 부모가 계속 도움을 줄지는 부모의 선택입니다. 가능하면 아이를 잘 가르쳐 스스로 하는 아이로 키우길 추천합니다.

양육 독립

아이가 초등학교에 입학을 합니다. 초등학교에 가면 부모가 해야 할 일이 많아질거라 생각하지만 그렇지 않습니다. 학교는 부모가 다니는 것이 아니라 아이가 다니는 것이니까요. 아이가 할 일이 많아지니 스스로 할 수 있도록 부모는 조언만 해주면 되는데, 이 조언은 새롭게 시작한 학습이나 넓어진 또래관계에 관한 것들입니다. 이미 7살까지 생활 습관을 다 만들었기 때문이죠. 그리고 사춘기가 되면 감정의 기복이 심할 때 감정을 도와주고, 진로를 결정할 때 아이가 자신을 잘 이해하고, 현명한 선택을 할 수 있도록 함께 마음을 다해 고민해주면 되는 것이지요. 초등학교 입학부터 사춘기가 끝나는 시점까지는 이제 몸으로 도움을 주는 단계가 아니라 대화를 하고 마음을 다독여 주는 본격적인 양육의 단계입니다. 사춘기가 끝날 때쯤이 되면 아이는 이제 스스로 생각하고 판단할 수 있으므로 부모는 양육 독립을 맞게 됩니다.

양육 독립의 조건은 아이가 감정을 잘 조절할 수 있도록 돕고, 자신에 대해 고민하고 결정할 수 있도록 조언을 해주며 지켜봐 주는 것입니다. 만약 부모가 애가 쓰이고 아이가 미덥지 못해 개입을 하게 되면 아이가 반항적인 모습을 보이게 됩니다. 결국 부모와 아이가 마음이 멀어져 독립되기는 하나 절대로 좋은 독립은 될 수 없습니다. 좋은 양육 독립을 위해 감정의 소통과 의견 존중에 무게를 두기 바랍니다.

양육의 목표는 아이의 독립

아이가 자라는 동안의 양육을 살펴보면 분명 부모의 수고로움이 점점 줄어듭니다. 그런데 한편으로는 이렇게 안 될 것 같고, 못 될 것 같아 한숨이 나오지요? 양육이 점점 편해지기 위해서는 부모가 아이를 나와 다른 독립된 인격체라는 것을 인지하고 있어야 합니다. 그리고 독립된 인격체이니 자존심이 상하지 않게 존중하고, 스스로 할 수 있도록 가르쳐야 한다는 생각을 늘 마음에 새기고 있어야 합니다. 또한 아이가 스스로 하는 날을 생각하며 시간이 오래 걸리더라도 잘 가르쳐야 합니다. 그런데 빨리 끝내고 쉬고 싶은 마음이 앞서다 보니 아이를 가르치고 기다리기보다는 부모가 대신해주는 경우가 많습니다. 아이가 컵으로 물을 마시려고 하면 마시는 것보다 흘리는 게 더 많으니 부모가 얼른 마시게 해주고, 놀잇감을 정리하려고 하면 정리하다 말고 놀고 있으니 부모가 얼른 정리해 주고, 신발을 신으려고 하면 현관에 앉아 놀고 있으니 부모가 또 얼른 해주게 되지요. 이렇게 부모가 몸으로 도움을 주게 되면 아이는 자신이 해야 한다는 것을 몰라 계속하지 않게 됩니다. 기본적인 생활도 스스로 하지 않는 아이라면 나중에 어린이집에 입학했을 때 교사의 지시에 따라 상황에 맞게 행동하기 어렵고, 더 나중에 학교에 입학했을 때 준비물을 챙기고, 숙제를 하고, 시간에 맞춰 등교를 하는 것은 절대로 기대할 수가 없습니다. 당연히 부모가 잔소리를 하고, 화를 내며 시키게 되고, 아이는 짜증을 내고 한바탕 소란이 일어나겠지요. 이제는 점점 서로의 감정이 얽히게 되고 사춘기가 되면 반항이 심해지게 됩니다. 양육 독립은 고사하고 아이와의 관계만 틀어지게 되어 점점 양육이 힘들어지고 끝이 보이지 않게 됩니다.

양육의 목표는 아이의 독립입니다. 부모가 돌보지 않아도 아이가 스스로 삶을 유지할 수 있도록 하는 것이 양육입니다. 때문에 늘 곁에서 도움을 주는 것이 아니라, 아이가 스스로 하도록 가르치는 것이 제일 중요하고, 이걸 잘할 때 비로소 양육 독립을 할 수 있습니다. 이제부터 선택은 부모의 몫입니다. 언제까지 양육을 할 것인지, 어디까지 양육을 할 것인지. 분명한 건 아이가 스스로 할 수 있도록 잘 가르쳐주고 격려해 줄 때 양육이 빨리 끝난다는 것입니다. 끝이 정해져 있으니 과정 속에서 느끼는 스트레스도 분명 견딜 수 있고, 또한 아이가 스스로 하는 것이 많아질수록 양육스트레스도 줄어들게 됩니다.

쌤에게 물어봐요!

 아이 스스로 하도록 해야 한다고는 하지만, 아직 어리고 엄마로서 무언가 해줄 때 뿌듯함을 느끼게 됩니다. 그리고 아이가 너무 예뻐서 안 자랐으면 좋겠다는 생각도 듭니다.

 아이와 함께 하는 일상이 정말로 행복한 것 같아 보기 좋습니다. 이런 마음은 양육스트레스를 예방하게 되니 좋지만 한 번만 아이의 입장에서 생각해 주길 바랍니다.

✅ **아이는 독립된 인격체입니다.**

아직은 아이가 어리기 때문에 부모가 주는 사랑을 그대로 받아들여 부모로서의 만족감 또한 높습니다. 그러나 아이는 분명 자라고 있고, 부모와는 다른 존재이기 때문에 어느 순간 서로 원하는 것이 달라 갈등을 할 수도 있습니다. 독립된 인격체라는 것을 꼭 기억해 주세요.

✅ **아이와 적당한 정서적인 독립을 이루어야 합니다.**

부모의 사랑과 도움으로 성장을 한 아이는 일정한 시기에 독립을 하게 됩니다. 이때 아이에 대한 부모의 사랑이 너무 클 경우 부모가 오히려 아이의 독립에 대해 서운해하고, 불안해하며, 아이의 독립을 막는 경우가 있습니다. 그리고 부모의 허전함 또한 커져 불편한 정서를 가지게 됩니다. 지금은 어리니까 사랑을 듬뿍 주어야겠지만, 연령에 맞게 정서적인 독립과 생활적인 독립을 도와 부모도 아이도 안정적인 독립을 할 수 있도록 준비하면 좋겠습니다.

양육스트레스를
해소해요.

<u>양육에 집중하고, 부모 자신에게 집중해보세요.</u>

양육이 힘든 건 끝이 없을 것 같은 막연함과 같이하는 사람 간의 갈등 그리고 도무지 이해할 수 없는 아이의 문제 행동 때문입니다. 그래서 양육스트레스를 해소하기 위해서는 양육에 집중하는 것과 부모 자신에게 집중하는 것을 통해 생활의 균형을 맞추는 과정이 필요합니다.

양육에 집중하기

아이는 태어났고, 양육은 시작되었습니다. 반드시 해야 하는 거라면 지금 하고, 가능하면 기본에 충실하도록 방법을 찾아야겠습니다.

첫 번째, 양육 시간을 확인합니다. 아이가 오전 8시에 일어나서 놀다가 오후 2시에 낮잠을 잡니다. 오후 3시에 일어나 놀다가 저녁 9시에 다시 잡니다. 그러면 양육을 하는 시간은 12시간입니다. 만약 아이가 오전 8시에 일어나 오전 9시에 어린이집에 가고, 오후 3시에 집에 와서 놀다가 저녁 9시에 잡니다. 그러면 양육을 하는 시간은 7시간입니다. 시간을 정확히 파악하지 않으면 하루 종일 아이와 함께 있으며 양육을 한다는 생각을 하게 되고, 이 생각만으로도 이미 지치기 때문에 양육 시간을 정확히 파악하는 것이 중요합니다. 그리고 다짐을 합니다. '오늘 7시간만 열심히 양육하자.', '오늘 12시간만 아이랑 잘해보자.'라고요.

두 번째, 생활 패턴을 일정하게 유지합니다. 앞서 말한 것과 같이 양육 시간을 확인하려면 일정한 패턴이 있어야 합니다. 백일 전의 아이라면 패턴이라고 할 것도 없고 그냥 무조건 맞춰줘야 합니다. 그러나 백일이 지나면 아이가 낮과 밤을 구분할 수 있어 밤에 잠을 잘 자게 됩니다. 이때부터 부모가 일정한 생활 패턴을 만들어 주면 아이도 생활 패턴이 생깁니다. 일어나는 시간, 수유와 이유식 시간, 노는 시간, 씻는 시간, 자는 시간, 어린이집에 가는 시간 등을 늘 일정하게 유지해 주세요. 부모의 상황에 따라 아이를 돌보는 패턴이 달라지거나, 하루를 시간 계획 없이 아무 때나 일어나고 아무 때나 밥을 먹으면, 아이의 생활 패턴이 생기지 않아 하루의 시작과 끝이 없어지니 당연히 양육도 끝이 없는 것 같아 더욱 힘들게 느껴집니다. 특히 무질서한 생활은 무기력감과 우울감을 불러오게 되니 주의해야 합니다.

세 번째, 생각의 시간을 분리합니다. 아이랑 함께 있을 때에는 같이 놀고먹고 즐거운 시간을 보내고, 아이가 자거나, 어린이집에 가거나, 부모가 출근해 아이와 떨어져 있을 때에는 온전히 부모 자신의 시간을 보내야 합니다. 그렇지 않고 아이랑 함께 있을 때에 '설거지해야 하는데.', '빨리 출근해야 하는데.'라고 생각하고, 아이가 자거나 아이와 떨어져 있을 때에 '일어나면 간식 먹이고 같이 놀아야지.', '오늘 어린이집에서는 잘 놀고 있으려나.' 등 아이 생각을 하게 되면 온통 아이 양육과 부모의 할 일이 머릿속에서 뒤죽박죽되어 생각만으로도 지치게 됩니다. 또 그 순간에 해야 할 일을 잘하지 못하니 스트레스가 쌓일 수밖에 없습니다. 아이와 함께 있을 때에는 아이에게 집중하고, 아이와 떨어져 있을 때에는 부모 자신에게 집중해 생각의 시간을 구분해 주세요. 그리고 부모 자신의 시간에는 놀든, 자든, 일하든, 부모 자신의 것을 하며 에너지를 충전해야 합니다.

네 번째, 양육 목표는 하루에 한 개만 정합니다. 부모가 되면 반성과 계획하기를 정말 많이 합니다. 아이에게 해주고 싶은 것이 있었는데 오늘 못 해 줬다거나, 아니면 의도하지 않게 화를 내게 되어 미안할 때 '내일은 이유식도 만들고, 산책도 가고, 화도 안 내고, 안아주고, 아이가 자면 책도 꼭 읽어야지.'라고 계획을 합니다. 계획이 많으면 많을수록 내일 실천은 더 어렵고, 그만큼 좌절감도 커지게 됩니다. 그래서 계획을 할 때는 최소한의 목표로, 정말로 지키고 싶은 것 하나만 정하면 좋겠습니다. 하나 정도는 거의 대부분 지킬 수 있으니까요. 하나를 계획하고 하나를 지키면 실천 100%를 달성한 최고의 부모로 자신감이 높아집니다. 매일 하나씩만 잘 이루어내도 1년이면 365개를 성공한 것이니 충분히 부모로서 역할을 다했다고 할 수 있습니다.

다섯 번째, 아이에 대해 공부합니다. 아이가 우는데 어떻게 해야 할지 모른다면 참 난감합니다. 아이가 떼를 쓰는데 아무리 달래도 말을 안 듣는다면 부모인 나를 무시하는 것 같고, 사람들의 눈초리도 신경 쓰여 화가 머리끝까지 나기도 합니다. 만약에 아이에 대해 잘 안다면 어떨까요? 아이는 늘 똑같이 울고 떼를 쓰겠지만 이에 대처하는 부모의 마음과 행동은 훨씬 여유가 있으니 양육스트레스가 적게 생기게 됩니다. 그래서 아이에 대한 공부를 꼭 해서 아이 문제를 잘 해결할 수 있다는 자신감을 가져야 합니다.

부모 자신에게 집중하기

아이에게 집중하는 것만큼 부모 자신에게 집중하는 것도 중요합니다. 부모가 없다면 부모 와 아이의 관계는 있을 수 없으니까요. 부모에서 부부, 부부에서 내가 되는 방법을 찾아보겠 습니다.

첫 번째, 부모의 시간과 부부의 시간을 분리해 가집니다. 부모와 부부를 분리하기가 애매하 죠? 특히 지금처럼 아이가 어릴 때는 더욱 그렇습니다. 그러나 반드시 필요합니다. 엄마 아빠 는 처음에는 연인이었습니다. 결혼을 해 부부가 되고, 아이를 낳으며 부모가 되었는데, 부모 역할을 하는 것이 급하니 부모로만 살게 됩니다. 그러다 아이가 초등학생만 되어도 부모의 품 을 떠나게 되는데, 그때 덩그러니 남은 부모는 둘만의 시간을 보낼 줄 모르는 사람들이 되어 버리는 경우가 많습니다. 부모로 살다 보니 부부로 살던 것과 연인으로 지내던 방법을 잊어버 린 것입니다. 그렇다고 해서 서로가 애정을 주고받고 싶은 마음이 없어진 것은 아니지요. 그 래서 서로 서운해하고, 더 사랑해 주지 않는 것에 대해 서로를 공격하고, 생채기를 냅니다. 부 모의 모습에 가려진 우리 모습의 원형인 부부와 연인을 잊지 않아야 합니다.

부부의 시간은 아이가 잘 때나 가능합니다. 처음에 이야기를 시작하면 의도하지 않았지만 자연스럽게 아이 이야기를 먼저 하게 됩니다. 이럴 때는 의식적으로 아이 이야기는 멈추고 부 부의 이야기를 해야 합니다. 서로의 일상, 요즘 기분, 하고 싶은 것 등에 대해서요. 부모였다 가 부부였다가 하는 것의 경계가 참 모호하지만 반복하면 자연스럽게 분리가 됩니다.

두 번째, 혼자만의 시간을 가집니다. 하루 중 언제라도 좋고, 단 10분이라도 좋습니다. 혼 자만의 시간을 반드시 가져야 합니다. 부부의 삶을, 부모의 삶을 만족한다고 해도 그건 온전 히 자신을 위한 것이 아니기 때문에 어느 순간 자신을 찾고 싶어 방황하게 됩니다. 그래서 사 회적으로나 가정적으로 너무나 멋지고 안정적인 삶을 사는 것처럼 보였던 누군가가 중년에 갑자기 훌쩍 자아를 찾겠다고 떠나는 영화 같은 이야기가 종종 들려오는 것입니다. 자신의 내 면의 소리를 듣는 시간을 꼭 가져주세요. 내면이 강하면 양육스트레스가 생기더라도 조금 더 빨리 회복할 수 있습니다.

　세 번째, 부모가 서로에게 칭찬과 격려를 합니다. 어릴 때에는 주변에 칭찬과 격려를 해주는 사람이 있었습니다. 그런데 어른이 되고 부모가 되면, 칭찬과 격려를 해주어야 하는 위치에 있다 보니 받을 일이 참 드뭅니다. 그런데 부모도 칭찬과 격려가 있어야 힘을 낼 수 있습니다. 하루의 고된 양육을 마쳤을 때 부모가 서로에게 "오늘도 수고했어.", "아니야. 자기가 더 수고했지."라고 반드시 칭찬과 격려를 아끼지 않아야 합니다.

　네 번째, 자신에게 칭찬과 격려를 합니다. 다른 사람이 알아주지 않는다고 해도 스스로는 자신이 하루 종일 얼마나 종종거리며 열심히 아이를 돌보고, 해야 하는 역할들을 잘 해냈는지 알고 있지요. 다른 사람의 칭찬과 격려도 좋지만, 스스로에게 보내는 칭찬과 격려가 정말 진짜랍니다. 잠자기 전이나 샤워를 할 때 거울을 보며 자신의 이름을 부릅니다. 그리고 칭찬과 격려를 합니다. "**아, 오늘도 너무 수고했어. 잘했어.", "**아, 오늘 속상했네. 그럴 수도 있지. 내일은 더 좋아질 거야."라고요.

　위에 있는 방법 중 마음에 드는 것이 있나요? 꼭 이 방법이 아니라도 좋습니다. 나만의 양육스트레스 해소법을 찾으면 됩니다. 부모인 자신에게 너무 엄격한 잣대로 완벽을 요구하지 말고, 한정된 에너지로 정해진 시간 안에 살고 있는 사람이라는 걸 기억하며 자신도 잘 배려하고 아끼길 바랍니다.

남편은 토요일이 되면 아이와 정말 재밌게 시간을 보냅니다. 저도 같이 있으면 너무 행복해집니다. 그런데 문제는 일요일입니다. 남편은 토요일에 가족을 위해 시간을 보냈으니, 일요일은 혼자만의 시간을 가지겠다며 외출을 합니다. 이럴 때면 '자기 시간을 위해 토요일을 의무적으로 가족과 함께 한 건 아닌가?'라는 생각이 들어 화가 납니다. 남편과 어떻게 해결해야 할까요?

엄마의 혼란스러운 마음이 느껴집니다. 서로에 대한 오해가 더 커지기 전에 대화를 해야겠습니다.

✓ 이야기를 나누며 아빠의 생각을 알아야 합니다.

아빠의 생각을 알아야 엄마도 해결책을 생각해 볼 수 있을 것입니다. 주말 사용에 대한 아빠의 생각을 듣고, 서로의 생각을 정리해 주세요.

✓ 표현 방법을 맞춰봅니다.

같은 말과 행동이라도 표현하는 방법에 따라 전달되는 의미가 달라집니다. 만약 아빠가 "자기야. 나도 가끔은 혼자만의 시간이 필요해. 오늘은 같이 시간을 보내고, 내일은 나 혼자 외출해도 될까?"라고 말한다면 엄마가 이렇게 마음이 힘들지는 않았을 것입니다. 서로 간의 표현 방법을 맞춰보면 좋겠습니다.

✓ 아빠만의 날과 엄마만의 날을 정합니다.

아빠에게 혼자만의 시간이 필요한 만큼 엄마에게도 혼자만의 시간이 필요합니다. 각자 시간을 보내는 날을 정하고 서로가 기쁘게 그날을 누리면 좋겠습니다.

좋은 부모의 조건

조부모의 양육

- 조부모에 대한 배려가 필요해요.
- 조부모와 부모가 양육동맹을 맺어요.

조부모에 대한
배려가 필요해요.

시간이 자연스럽게 손자녀의 시간에 맞춰지니까요.

　조부모가 양육을 도와준 경우의 장점은 아이기 보다 정시적으로 안정되고, 예절을 익혀 좋은 인성의 기초를 마련한다는 것입니다. 그리고 부모가 조금 더 안심하고 양육을 맡길 수 있다는 것도 분명 장점입니다. 이를 위해서는 조부모에 대한 특별한 배려가 필요합니다.

　조부모는 자신이 젊었을 때 자신의 아이를 키우는 것과 비교가 안 될 만큼의 신체적인 피로감을 느낍니다. 그리고 손자녀를 돌보게 되면서 자신의 일상적인 활동에 생긴 변화로 인해 힘들어합니다. 평소 만나던 친구들과의 관계가 뜸해지고, 취미생활을 못 하고, 조부와 조모가 분리되어 생활을 하기도 하고, 제일 불편한 것은 시간을 자유롭게 사용하지 못한다는 것입니다. 시간이 자연스럽게 손자녀의 시간에 맞춰지니까요. 이로 인해 고립감과 우울감을 느낍니다. 특히 손자녀 양육으로 인해 자신의 집이 아닌 자녀의 집으로 온 조부모라면 더 고립감과 우울감이 심해집니다. 따라서 부모는 조부모의 신체적 피로감 해소와 정서적인 안정감을 위한 배려를 해주어야 합니다. 이러한 조부모에 대한 배려가 잘 이루어진다면 조부모는 손자녀를 양육하면서 자신의 존재의 가치로움을 느끼고, 일상의 공허함이 감소하며, 보다 더 안정적인 노년기를 보낼 수 있습니다.

첫째가 5살인데 작년까지 할머니 집에서 지냈습니다. 저희 부부가 맞벌이를 해서 주말마다 첫째를 만났습니다. 올해 둘째를 낳으며 제가 육아휴직을 하고 첫째도 함께 돌보고 있습니다. 그런데 첫째는 자꾸만 할머니 집에 가겠다고 합니다. 어떻게 해야 할까요?

두 아이를 돌보며 가족이 완전히 모였다는 행복감과 잘 키우려는 마음이 컸을 텐데, 첫째의 이런 행동은 부모를 당황스럽게 혹은 미안하게 만들 것 같습니다.

✅ 첫째와 정서적인 유대감을 돈독하게 합니다.

첫째의 입장에서 보면 자신은 늘 할머니 집에서 지냈는데, 이제 엄마 아빠랑 지내려고 왔더니 집에 동생이 있습니다. 첫째는 동생에 대해 질투가 생기고, 부모에게 서운하고, 그동안 자신을 돌봐주었던 할머니가 그리울 수 있습니다. 부모는 첫째와 정서적인 유대감을 다시 만들어야 원만한 가족생활이 가능하고, 특히 첫째와 동생이 잘 지낼 수 있습니다. 첫째와 시간을 많이 보내주세요.

✅ 할머니 집에 가는 날을 정합니다.

첫째가 할머니를 보러 가고 싶다고 하면 할머니 집에 가는 날을 정해 가족이 함께 가면 됩니다. 아이가 원한다고 해서 아이만 보낼 경우 아이가 지금의 가족과의 유대감 형성이 어려울 수 있으니 가족이 함께 다녀오는 것이 좋습니다.

조부모와 부모가
양육동맹을 맺어요.

양육으로 인한 갈등은 가족 간의 문제이고, 가운데 아이가 있기 때문에 그 누구도 상처받지 않도록 잘 해결해야 합니다.

　조부모가 손자녀 양육에 참여하는 비율이 늘고 있습니다. 부모의 입장에서는 아이 양육에 대해 도움을 받아 좋지만, 양육방법이 서로 달라 크고 작은 갈등이 생겨 불편하기도 합니다. 이는 조부모도 마찬가지입니다. 양육으로 인한 갈등은 가족 간의 문제이고, 가운데 아이가 있기 때문에 그 누구도 상처받지 않도록 잘 해결해야 합니다. 이를 위해서는 조부모와 부모가 서로를 양육을 함께 하는 동반자로 인식하고, 동맹을 맺어야 합니다.

양육 시간 정하기

　조부모가 양육에 참여할 경우 부모가 가장 안심되는 것이 갑작스러운 늦은 퇴근에도 아이를 돌봐줄 사람이 있다는 것입니다. 그런데 조금 다르게 생각한다면 조부모의 입장에서는 갑작스럽게 양육 시간이 늘게 되어 피곤하고, 자신의 시간을 방해받는다는 뜻이 됩니다. 한두 번이야 이런 일이 있어도 서로 이해하겠지만, 반복된다면 조부모는 심적으로 부담을 느끼게 됩니다. 또 부모는 조부모에게 죄송한 마음이 드는 것과 동시에 서운함을 느끼기도 합니다. 그리고 가장 중요한 아이는 갑작스럽게 부모가 늦게 온다면 기다려지고, 보고 싶고, 속상하겠지요. 그래서 양육 시간을 서로가 정확히 정해야 합니다. 부모로서 가장 양육스트레스를 많이 받는 것이 양육의 출퇴근이 없다는 것이니, 조금만 생각하면 조부모의 입장을 이해할 수 있을 것입니다. 양육 시간을 정할 때에는 하루 중 양육의 시작 시간과 끝 시간, 일주일 중 며칠, 무슨 요일, 아이가 몇 살이 될 때까지 돌봐줄지 등을 아주 구체적으로 정해야 하며, 반드시 조부모의 일정을 고려해야 합니다.

양육역할 구분하기

조부모와 부모가 서로의 양육역할을 명확히 정해야 합니다. 아이를 돌볼 때 해야 하는 것은 밥 먹이기, 놀기, 씻기기, 재우기, 병원 다녀오기, 등·하원 등이 있습니다. 그런데 자연스럽게 조부모가 집안일까지 하게 되는 경우가 많습니다. 처음 손자녀를 돌보게 된 조부모는 의욕적으로 손자녀 양육부터 집안일까지 모든 걸 다 해주려고 노력하게 되는데, 이렇게 되면 지치게 되어 양육스트레스를 받게 됩니다. 또 다르게 부모가 힘들어지는 경우도 있습니다. 조부모가 손자녀를 정말 잘 돌봐주는 것은 감사하지만, 조부모와 손자녀가 너무 정서적으로 가까워 그사이에 부모의 자리가 없어진다는 서운함을 느끼기 때문입니다. 조부모와 부모가 서로의 역할을 구분하지 않으면 사소한 일상의 일들이 서로 간의 정서적인 어려움으로 커지게 되니 반드시 조부모와 부모의 양육역할을 구분해야 합니다. 또한 집안일의 경우도 조부모와 부모가 서로 간에 협의가 필요하며, 절대로 조부모가 자신을 집안일 해주는 도우미로 생각하며 속상해하지 않도록 해야 합니다.

양육기준 맞추기

조부모와 부모의 양육기준은 당연히 다릅니다. 서로 다른 사람이고, 다른 세대니까요. 그렇다고 해서 어느 한쪽의 양육기준이 일방적으로 틀리거나 맞는 것이 아니니, 충분히 조율이 가능합니다. 조부모와 부모의 양육기준이 다를 경우 가장 힘든 것은 아이입니다. 자신을 대하는 방식이 사람마다 다르니 아이는 혼란스럽고, 조부모와 부모 사이에서 눈치를 보기도 합니다. 결국 아이의 생활 습관 형성에 어려움이 생기게 됩니다.

양육기준을 맞추기 위해서는 부모가 조부모에게 아이의 특징과 그동안의 양육방법에 대해 먼저 자세히 설명을 해야 합니다. 그리고 그동안의 양육방법을 바탕으로 조부모와 부모의 양육기준을 맞추어야 합니다. 만약 양육방법에 대한 서로의 의견이 다르다면, 가능하면 부모의 의견대로 하는 것이 좋습니다. 왜냐하면 아이의 양육을 최종적으로 책임지는 사람은 부모이기 때문입니다. 조부모는 부모가 아이를 키우는 것에 대해 도움을 주는 사람으로 책임을 지려 노력할 필요는 없습니다. 이 부분에 대해서 부모는 조부모가 서운해하지 않도록 잘 배려하며 설명해야 합니다.

조부모의 권위 세우기

조부모의 권위가 있어야 조부모가 손자녀를 잘 돌볼 수 있습니다. 권위를 높이는 방법은 첫 번째, 부모가 조부모를 존중합니다. 부모가 조부모에게 하는 말과 행동을 아이가 보고 그대로 배우니까요.

두 번째, 조부모와 부모는 아이가 없을 때 아이에 대해 이야기합니다. 아이가 힘들게 할 때 조부모는 부모에게 아이익 문제에 대해 이야기를 히는 경우가 있습니다. 이를 들은 아이는 자신의 나쁜 점을 부모에게 이야기하는 조부모를 미워하고, 조부모가 부모보다 권위가 낮은 사람이라고 생각해 조부모의 양육을 더욱 받아들이지 않게 됩니다.

세 번째, 조부모가 일관되게 아이를 대합니다. 권위를 세우기 위해서는 일관성이 제일 중요합니다. 조부모는 아이가 귀엽기도 하고, 몸이 힘들기도 해서 아이의 떼에 지는 경우가 많습니다. 이럴 경우 조부모의 권위가 낮아져 아이 돌보는 것이 더욱 힘들어지니 주의가 필요합니다.

양육에 대한 보상하기

조부모의 시간과 에너지를 아이 돌보는 것에 투자했으므로 그에 대한 보상은 당연한 것입니다. 보상은 늘 감사와 존경의 마음을 보내는 마음의 보상과 함께 일정하게 정해진 용돈을 드리는 물질적인 보상으로 해야 합니다. 조부모는 자신의 손자녀를 돌보면서 용돈을 받는다는 것에 불편함을 가지고 있습니다. 불편한 것이 아니고, 당연히 받아야 한다는 것을 알리고 용돈을 드려야 합니다. 특히 용돈을 봉투에 현금으로 넣어서 드릴 경우 손부끄럽다며 못 받는 조부모님도 많으므로 반드시 정해진 날 정해진 금액만큼 계좌이체를 해야 합니다. 그리고 조부모가 아이 양육에 필요해 별도로 지불한 비용이 있다면 이것도 반드시 드려야 합니다.

쌤에게 물어봐요!

 아들 부부가 맞벌이로 바빠 손자를 제집에서 돌보는데, 주말이면 아들 부부가 아이를 보러 옵니다. 그러다 보니 주중에는 손자를 보고, 주말이면 아들 부부까지 챙겨야 하는 상황이 되어 버렸습니다. 제가 체력적으로 너무 힘듭니다. 어떡하죠?

 손자도 돌보고 자녀도 챙겨야 하니 정말 힘들겠습니다.

✓ **주말에는 부모가 아이를 데리고 집으로 가야 합니다.**

아들 부부와 손자는 주말을 자신들의 집에서 보내야 합니다. 그래야 세 가족의 유대감이 높아지고, 부모는 부모로서의 역할을 잊지 않을 수 있으며, 무엇보다 조부모가 쉴 수 있습니다.

✓ **손자를 돌보는 기간을 정합니다.**

처음에는 돌볼 수 있을 거라고 혹은 돌봐주어야 해서 돌봄을 시작했을 텐데, 체력적으로 많이 힘들고, 조부모의 시간이 없어 불편할 것입니다. 그리고 언제까지 계속 돌봐야 할지 고민도 될 것 같습니다. 손자를 돌보는 기간을 정하고 그때까지만 한시적으로 돌봄을 하는 것으로 생각해야 조부모가 덜 지치게 됩니다.

좋은 책을 만드는 길, 독자님과 함께 하겠습니다.

나도 부모는 처음이야 1개월~36개월

초 판 발 행	2023년 05월 10일 (인쇄 2023년 03월 21일)
발 행 인	박영일
책 임 편 집	이해욱
저 자	양경아
편 집 진 행	박종옥 · 노윤재
표지디자인	박수영
편집디자인	임아람 · 채현주
발 행 처	(주)시대고시기획
출 판 등 록	제 10-1521호
주 소	서울시 마포구 큰우물로 75 [도화동 538 성지 B/D] 9F
전 화	1600-3600
팩 스	02-701-8823
홈 페 이 지	www.sdedu.co.kr

I S B N	979-11-383-4902-4 (13590)
정 가	17,000원

시대인에서 준비한
임신 / 출산 / 육아

엄마들이 화내지 않고 후회하지 않는
60가지 상황별 훈육 솔루션

민주선생님's 똑소리나는 육아
- 우리 아이 훈육편

지은이 이민주   가격 15,000원

영유아 통합발달에 꼭 필요한,
참 쉬운 101가지 집콕 놀이

0~6세 똑소리나는 놀이백과

지은이 이민주   가격 16,000원

❖ 상기도서의 이미지와 구성은 변경될 수 있습니다.

초보 아빠의 리얼 육아일기
어느 날 집으로 선물이 왔다
지은이 또리   가격 16,000원

짜증 내지 않고 아이를 키우는 분노 조절 육아법
아이가 바뀌는 화내지 않는 육아
지은이 시마즈 요시노리, 마쓰우라 하코   가격 13,000원

사랑스럽지만 전쟁 같은 남매육아 그림일기
그래도 사랑해
지은이 히비유   가격 12,000원

현직 1학년 담임교사가 알려주는

위풍당당 초등 1학년 입학 준비

지은이 전화숙 　　가격 17,000원

집중력과 창의력이 쑥쑥 자라는 놀이 교육

아이와 함께 사각사각 종이접기

지은이 심은정 　　가격 14,000원

시대인에서
함께 준비해요!

똑똑한 자기주도 학습법
초등학교부터 쭉 잘하는 아이는 어떻게 공부할까?

지은이 이영균, 김현미   가격 16,000원

내 아이를 위한 엄마의 뇌 공부
우리 아이 공부 잘하는 뇌 만들기

지은이 이에스더   가격 15,000원

생각이 자라는 아이
스스로 생각하는 초등 아이를 위한 엄마표 교육법
– 대화, 토론, 인터뷰

지은이 박진영   가격 16,000원

❖ 상기도서의 이미지와 구성은 변경될 수 있습니다.